孩子的耐挫力，
比什麼都重要

金珍妮 Jeanie Kim ——— 著

陳慧瑜 ——— 譯

The Power of Resilience

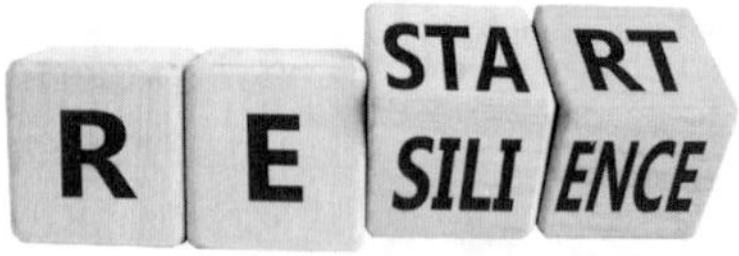
R E STA RT
SILI ENCE

耐挫力強的孩子，一生幸福出色

　　泰莎、凱莉、希瑟圍坐在教室書桌旁玩拼圖。不久後，凱莉眼看沒什麼進展就說：「我不玩了，你們自己玩。」便離開座位。泰莎與希瑟想了想，覺得要先把同樣顏色的拼圖放在一起比較方便找，於是一邊按顏色分類，一邊拼拼圖。又過了一會兒，希瑟開始左顧右盼，接著說不想玩了就起身離開。剩下泰莎四處移動比對拼圖，最終完成了一幅圖。

　　每個孩子的態度表現都不一樣。有的會像凱莉，試沒多久就放棄；有的像希瑟，稍微嘗試一下，當遇上困難就立刻放棄；或者像泰莎，秉持著毅力堅持到最後。

　　你家的孩子又是如何呢？是否覺得問題有點難就輕易放棄解題呢？或是碰到不會的、初次遇到的事情，就丟盔卸甲逃跑？還是，在做某件事情時，只要一不順心就大哭大鬧？明明沒什麼大不了，卻垂頭喪氣好幾天？

　　大人都清楚，人活著不可能只遇到容易的事情。生命，就是不知逆境會在何時出現，而且難題總會無預警地找上門，動搖我們的心。但我們也明白，只要克服了，就能獲得成長、變得更堅強。即使是過著人人稱羨的生活，擁有權力和金錢、擅長念書和運動的人，仍有他自己必須面對的困境。正因為了解，所以父母

們不禁要擔心：「孩子該如何在這危機四伏的世界生存？」

　　孩子尚且年幼，眼前盡是全新、充滿挑戰的事物，遇上挫折難免，但是戰勝後就能成長。當孩子還在襁褓期，某種程度上，父母仍能為他們排除萬難，但當他開始上學、接觸到群體生活後，父母就無法再為孩子事事安排周全了。因此，有必要在建立生活基礎的幼兒期，就引導他培養出能獨力克服困難的力量。這個力量就是心理學上所稱的韌性（Resilience），也就是當遇到困難挫折時，能夠忍受並且重新振作恢復的「耐挫力」。

孩子會念書又善於社交的關鍵

　　每個人都擁有心理韌性，但不是人人都知道如何使用，年幼的孩子更是如此，因為經驗不足而無法應用。儘管的確有孩子先天就擁有異於常人的韌性資質，但隨著後天經驗的累積與環境的變化，韌性、耐挫力有可能強化或弱化。

　　孩子所面對的逆境大小與樣貌會隨著成長而朝多方面進化，而各種情境與關係勢必也會依變化而持續呈現不同的形態。因此，心理韌性的養成可以說是需要花費一生時間的漫長旅程。除了孩子之外，成人也可以透過反覆的練習培養出韌性。若父母也將韌性應用在生活上，相信包括孩子在內的所有家人都可迎來更健康、幸福的日常。

　　從小就懂得利用韌性資質克服逆境的孩子耐挫性高，跟其

他孩子比起來站在相對有利的位置。若懂得使用各種幫助發揮韌性、忍受挫折的工具，進而磨練出自己的武器，那麼孩子在生活上不管遇到何種困難，都可以輕鬆發揮這項能力。能以健全方式處理壓力的孩子，不會認為解決問題的方法只有一種。他會先拿出自己的絕招對付，若是無效，就再使用其他方法。即使失敗了，也會試著摸索出重新振作之道。

如果你希望培養出一個會念書、善於社交、有毅力且堅忍不拔的孩子，就必須將耐挫力視為育兒的重點。你期望孩子遇到艱難的事能堂堂正正地面對、不逃避，而且在困境下仍用盡全力達成目標，遭遇挫折也不放棄希望，還能重新奮起，並擁有自信、不害怕挑戰的正向心態，就務必關注他的耐挫力發展。

父母留給孩子的最大資產

本書將介紹達成上述目標的要訣，以及讓你在日常生活中輕鬆引導孩子培養耐挫力的方法。我將依據哈佛就學時鑽研的兒童韌性研究，以及在美國教育界服務 20 多年，配合孩子既有的發展下，親力製作並修正的課程為基礎，探討各種具體作法。

不同性格的孩子不可能只用一種方法單一化教育，而每個孩子發揮韌性的情形也不盡相同。因此在〈PART 1〉，我們將討論孩子經歷的挫折、失敗與逆境有哪些，並觀察心理韌性強的孩子所具備的特徵。

孩子先天的韌性資質雖不同，但可透過後天的經驗與訓練培養。也因此〈PART 2〉要探討的，即是培養耐挫力的具體方法。此外，也會說明將耐挫力與生活的各種要素連結後，使其擴大發揮的要訣；若將耐挫力與他人連結，則可養成社交技巧，若與念書連結，則會提升品格。你可透過本書創造有助於孩子發揮耐挫力的環境。

有些父母會因為沒給孩子好的環境或良好的遺傳因子，而感到抱歉或怨嘆。然而，即使你留給孩子再多的財產，少了耐挫力，他們也無法在難免經歷風雨的世俗中守護好。即便遺傳了聰明的頭腦或才能，缺乏耐挫力，遇到一點小挫折就容易沮喪，這份禮物般的天賦才智也會無用武之地。因此父母能留給孩子真正的財富，就是韌性、耐挫力。

韌性就如同人生的魔法。如果希望孩子的人生如寶石般閃耀美好，請幫助他們取出懷裡那如寶石般的韌性，加以磨光打亮，這樣他才能經得起挫折，在這世上散發出無比耀眼的光芒。一起喚醒孩子內心深處潛在的韌性、解鎖孩子的耐挫力吧！

目
次

CONTENTS

PART 1
幫助孩子養成堅柔並蓄的耐挫力

第1章　哈佛大學的學生普遍耐挫力強

第2章　含金湯匙出生的孩子也避免不了挫折

第3章　耐挫力高的孩子有五大資質

PART 2
喚醒孩子潛在耐挫力的方法

PART 1

幫助孩子養成
堅柔並蓄的耐挫力

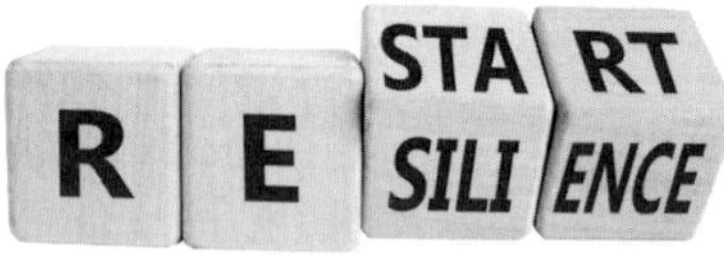
R E STA RT
SILI ENCE

第 1 章

**哈佛大學的學生
普遍耐挫力強**

從懷孕的那一刻開始，父母就期待著「孩子可以這樣成長」。首先想到的是希望他健健康康、頭腦聰明，若能跟朋友好好相處也不錯，外表討人喜歡就更棒了，最好個性也要出眾。再進一步想像，則會期待他能功成名就、過上體面的生活，最重要的是能過著幸福的日子。

　　為人父母，只要孩子幸福，什麼事都願意為他做。所以，看育兒書、聽教養課，只為了努力養育孩子，並且用盡全力提供孩子最好的環境。大多數父母在育兒問題上，率先想到的都是物質方面，彷彿給他們穿好吃好就能不落人後；要住在好的社區、學區成長，才不會學壞，也才能好好念書，進而成功。

　　當然，基本物質上的安定是必要的，環境也的確會對孩子的成長帶來莫大影響。然而，並非所有有錢人家的孩子都會成長為優秀的大人，貧苦人家的孩子也未必都會學壞。有錢人家的孩子即便物質上沒有困難，也可能遭遇不同困境。

　　我在美國任教超過 20 年，經歷過不少學校，其中有地處富裕社區的，也有貧民社區的學校。可能有不少人都認為，富裕社區的孩子一定性格開朗，而貧民區的孩子多半因為物質缺乏而學壞，但其實不同環境的孩子，呈現出來的樣貌並非如此簡單。

面對相同的難題，
孩子的反應不盡相同

曼哈頓富裕社區小學的孩子有許多出身富貴家庭，其中幾位令人印象深刻。

索菲亞的爸爸在金融界工作，每天凌晨 5 點出門上班，一直到索菲亞睡著後才下班回到家。身為音樂劇演員的媽媽晚上演出檔次多，就連索菲亞放學後也忙著學習才藝，一家人平時根本很難見上一面，都是由駐家的保母幫忙打理一切，照顧索菲亞的生活起居。

索菲亞全身名牌，看起來光鮮亮麗，但很容易就因為一點小事發脾氣，拿起東西亂丟亂扔更是家常便飯。有一天，她帶了畫有可愛人偶的包包來學校，鄰座的同學看到包包後直接說很幼稚。索菲亞一聽就發脾氣，把包包扔到一旁大喊「我才不需要這種東西，不如丟掉！」

還有一天，在學生餐廳時，索菲亞吃完餅乾就隨手把包裝袋

丟到地上，我叫她撿起來丟進垃圾桶，她卻說「撿垃圾不是我的工作，是打掃的人要做的事。」於是我再次聲明，這裡是學校，而我是老師，我有義務教學生養成好習慣，請她把垃圾撿起來拿去丟。索菲亞瞥了我一眼，不情不願地把包裝袋撿起來丟進垃圾痛。之後走去操場時，氣憤難平地用雙手把握在手裡的筆折成兩段。

普林斯頓也來自非常富裕的家庭。司機每天開著不同款的超跑載他上學。他的爸爸是知名建築師，但老師們並不清楚他媽媽的職業。家長座談時，他媽媽從未來過學校，孩子也不太聊媽媽的事。

普林斯頓在學校裡很乖巧，甚至因爲過於安靜，很容易讓人忽略他。我幾乎沒看他笑過，也沒見過他哭或生氣，一直是沒什麼表情地安靜度過，即便去操場玩，他也只是躺在長椅上，或說頭痛、肚子痛逃避運動。老師很努力地試圖讓他和同學玩在一起，但總是話不投機半句多，同學一下就跑光了。

索菲亞跟普林斯頓的家境都很好，但與父母的關係不親密也不穩定。兩人都在人際關係、溝通上遭遇困境，情況卻不盡相同。索菲亞無法控制自己的情緒，對每件事都要鬧脾氣；普林斯頓則是將情感都放在心裡，讓人猜不透，而且總是一副無精打采的樣子。

物質匱乏卻幸福的孩子

　　我在布魯克林貧民區的學校工作時，那裡的孩子多半出身艱困的環境。雖然這些孩子都經歷相同的困難，彼此的情況卻也不盡相同。

　　來自貧民區的彼得，如果有同學擋路，就會強硬地將他們撞開。如果同學談論到他，或是稍微開開玩笑，他就會生氣罵人。如果他的情緒激動到罵人或妨礙到上課，導致老師請他去教室後面罰站時，他就會用力踹門，直接走出教室。

　　因為這樣，彼得在學校幾乎是獨來獨往。我覺得這樣的他很令人憐惜，便刻意接近並詢問他，最喜歡的朋友是誰、跟哥哥們在一起都玩什麼、對什麼事物感興趣等。希望找出他喜歡的東西，讓他跟處境相似的朋友有所連結。但得到的回應千篇一律都是「不要」「很煩」。

　　彼得的父母都要上班，放學後儘管有奶奶在家，但他更常跟年齡稍長的兩位哥哥在社區街上度過。他覺得朋友、哥哥都討厭他，但比起只會發脾氣的奶奶，跟哥哥出去混、到處晃還比較好。他討厭父母，也不喜歡每天折磨自己的哥哥，更厭惡年老的奶奶和學校。

　　光是看到彼得家庭的描述，你可能會想然家庭艱困、父母又不照護的孩子一定會叛逆。但事實並非如此。

詹姆士的爸爸入監服刑中，家裡只剩他和媽媽相依為命。

由於是低收入戶，學校免費提供早、午餐，但晚餐時間，若是媽媽晚下班，他就得去鄰居奶奶的家裡共度。他身上的衣服幾乎都太小件，寒冬時節褲腳短到無法包覆腳踝，夾克的拉鍊也壞掉、擋不了冷風。

有一天，詹姆士穿著比平常大一號的衣服上學，一副開心的模樣。原來是隔壁奶奶把孫子穿過的衣服送他，而且是他超喜歡的綠色，他不僅向朋友炫耀，也跑來我面前轉了一圈說：「我很帥吧。」

某天午餐時間，詹姆士不小心將裝了食物的餐盤打翻了。由於那天我們班是最後到餐廳用餐的班級，熱食已經被拿完，只剩下花生醬三明治。真是令人難過的狀況。不過詹姆士隨即跑去正在用餐的朋友身邊大聲地說：「我不小心把餐盤打翻了，而且因為我對花生過敏不能吃三明治，可不可以分一點午餐給我？」很快地就有幾個小朋友把食物分給他。

「我今天把午餐弄倒反而幸運耶。結果我吃最多，謝謝大家！」詹姆士那天午餐吃得特別香。

彼得跟詹姆士都住在布魯克林的貧民區，也同樣身在缺乏父母相伴、經濟困難的環境。彼得對自己的家庭充滿怨懟跟不滿，這股挫折感也顯示在他的待人處事上。相反的，詹姆士對自己的家庭或遭遇的狀況抱持正向態度，也跟鄰居奶奶以及同學建立緊

密的關係。

前述這四個孩子皆因身處的養育環境而遭遇挫折，遇到的困境大小或情況雖有類似之處，但也不盡然相同，而且每個孩子應對狀況的方式也不太一樣。彼得跟索菲亞心裡充滿了不滿、怨懟與憤怒，普林斯頓則呈現兒童憂鬱症的徵狀，平時表現彌漫著無力感。四人中只有詹姆士度過愉快的校園時光。

這當中有著什麼樣的待解之謎呢？

為什麼在一樣的環境長大，有的孩子性格叛逆，有的孩子卻正常成長？

詹姆士是天生樂觀嗎？

如果生來就不具有這種特質的孩子又該怎麼辦？

正在閱讀本書的各位，腦海裡大概充斥著無數疑問吧。現在，就讓我們一起來尋找答案吧！

擺脫不安、
不確定未來的方法

詹姆士能在艱困的環境中率真、幸福地成長，正是來自內心的力量，即韌性所致。韌性是指克服困難、不怕挫折，重新站起來的力量。這股力量除了能讓人振作奮起之外，更能促進成長。擁有韌性資質的人，不會逃避自己所需面對的難關。他們不會對自己身處的艱難環境感到悲觀或怨懟，而是從中找到積極要素，並以健全的方式面對和克服難題。

沒有父母不想為心愛的孩子提供富裕環境，並與孩子共度歡樂時光的。儘管這是天下父母的心願，卻無法人人如意。然而，幫助孩子培養韌性，卻是每個父母都能做到的事。而且是在不同的家庭環境下，父母仍然可以做到幫自己的孩子培養韌性，作為他們一生最重要的資產。

人活在世上，不會只遇到單純美好的事。日子時好時壞，有輕鬆也有艱辛，有開心的時候，也有突然找上門的不幸，我們無時無刻會遇到自己無法掌控的狀況，或遭遇再怎麼努力也得不到

想要結果的困境。

　　對於稚嫩的孩子來說，他們遇到的更多時候是失控的情形，是他們無力控管的狀況。不管想或不想，孩子一定會碰到諸多難關。他們在成長的過程中會遇到各種父母或老師再怎麼努力也阻止不了的關卡，其中不只因貧富差距產生的逆境，或惡劣養育環境衍生的難題，還會有社會結構性問題或自然災害等層出不窮的考驗。

　　比方為全球帶來巨大衝擊的新冠肺炎，這哪是我們能預測得到的？疫情在無預警下席捲世界，動搖我們與孩子的生活。不只大人無法正常工作，孩子也沒辦法上學，讓正處於建立語言能力和社會性發展階段的孩子，縮減了與人接觸的機會。在這種無法預知的困境下，擁有韌性也就是保有彈性應對的能力，不論小孩或成年人都能克服難關，使人生更加成功、生活更加幸福。

　　過去數十年間，心理學、教育學、社會學、經濟學等各領域專家持續探究韌性，並視其為生活的重要因素。《哈佛教你幸福一輩子》一書中，喬治・華倫特教授與哈佛大學的研究團隊追蹤哈佛大學學生72年，並研究所謂「幸福的生活」。這本書的結論提到，比起去計較人生的苦痛多寡，能應付各種難關、控管自我的能力與人際關係等，才是幸福的條件。

　　而有智慧地應對並克服挫折或難關、重新找回向前邁進的力量，都是從充滿彈性的韌性開始的。孩子若欲在變化倏忽、生氣勃勃的世上生存下去，韌性、耐挫力是不可或缺的必備能力。

父母無法守護孩子一輩子

幾乎所有家庭都以孩子為重心。父母只關注孩子，反倒沒時間照顧自己。對育兒期的父母來說「送孩子上學如赴戰場」，要將孩子準時送到托兒所或幼稚園，就必須把他叫醒、幫他穿衣服和刷牙洗臉，甚至餵飯，然後抱著或背著他衝向娃娃車集合點。這是所有育兒期家庭不可避免的日常情景。

尤有甚者，整個生活重心都圍著孩子轉，每天餐桌上的菜色以孩子想吃的為主、孩子在遊樂場跟其他小朋友玩到吵架，會出手干預、孩子討厭的事，父母都盡全力幫忙解決，甚至在產生問題之前就提前排除可能性。

一直到孩子上大學進入社會，也不代表這一切就結束了。大學子女沒拿到Ａ成績，父母可能會寫信給教授抗議，或是因為孩子上班遲到被主管罵，就打電話到公司理論。在美國，這種「過度保護」的父母被稱為「直升機父母」或「割草機父母」。直升機父母會在孩子頭上徘徊不去，在意識到危險後協助處理，並代為安排孩子的所有一切；割草機父母則為了孩子的幸福，會把他

們面前的所有障礙一一清除。

　　當然，年幼的孩子需要父母的保護，為孩子探知危險並守護他們是父母的義務，另一方面孩子也會在父母掌控的世界裡一邊仰賴父母，一邊學會自立。父母理所當然地會想給孩子最好的，育兒與教育的熱情更是支撐孩子未來的最大原動力。

　　然而，保護的義務若是越界，就會變成過度保護，進而形成凡事都要替孩子做決定的養育風格，這會導致孩子脫離必經的成長軌道而招致意料之外的結果。

　　請想像一下，在這種保護圍牆內成長的孩子，成為青少年、成人後的模樣吧！

　　這時期，父母已無法為他清除眼前的障礙，或監視是否有遭致困難或失敗的因素。當父母無法在身邊代替孩子解決問題時，孩子要如何克服並重新振作？

　　當孩子還小時，父母某種程度上可代為阻止這些困難。不過等孩子逐漸長大後，父母無法預測或得知他們遇上的各種不同型態或大小的困境，無法替他們控管，也無力讓情況配合孩子改變。畢竟父母再有錢、再有能力，都無法改變整個世界。

　　若是剝奪孩子獨自面對難題的機會，將影響他們耐挫力的養成、難以培養韌性，導致不能自立、自行解決問題。在過度保護下成長的孩子，在家裡可能沒什麼大問題，但出社會後將失去表達自我的能力，也無法與他人順暢溝通，造成人際關係不佳。

父母也需要鍛練韌性

當父母替孩子擋下困難、代爲解決問題時，孩子反而會認爲這是父母不信任自己的表現。而且若是結果不好，還可能把責任怪到父母身上。他們會擔心讓父母失望，而整天惴惴不安，進而引起強迫症或憂鬱症。由於沒有自行解決困境的經驗，當遇到父母無力代爲解決時，就可能因承受不了而引發憂鬱症，甚至走上絕路。這種打著以愛與熱情之名爲孩子著想的行動，實際上卻毀了孩子、毀了親子關係的例子不在少數。

反觀父母若把時間都花在孩子身上，沒有自己的時間，久了也會變得無精打采、倦怠，容易引發憂鬱症。許多太以孩子爲重心，弄得自己身心疲憊的父母，經常會在無意識下痛訴自己的犧牲，脫口說出「眞是受夠了」「我是怎麼養你的」等違背內心的話。事實上，你爲孩子所做的一切努力跟奉獻都是你自己的選擇，孩子並沒有拜託你。從根本來論，生育孩子本來就是父母自己的選擇，把孩子捧在手心、奉獻所有也是一樣。像這樣痛斥被孩子拖累，就孩子的立場來看，多少有點委屈吧?!而讓孩子覺得虧欠、有罪惡感，會打擊他們建立自信心，同時也會抑制他們潛在的韌性。

情緒上的傷害並不比體罰造成的傷害小。所以，父母請不要以「爲孩子奉獻」之名而失去自我。父母也需要檢測一下自己的韌性，如果不好好照顧自己、穩定韌性，在養育孩子的過程中，

也會影響到孩子的韌性養成。因為孩子是看著父母學習的，父母如何應對困境、調解情緒，都會成為孩子觀察和學習的素材。

也因此，在建立育兒環境時，父母的韌性不容忽視。本書〈PART 2〉討論的耐挫力培養法，除了孩子，也適用於父母。儘管建議最好在奠定發展基礎的幼兒期就培養韌性，但韌性其實是任何年齡層都能培育習得的能力。所以，從現在開始就在孩子面前誠實做自己吧。讓孩子看到父母願意接納困難、找出最適合的方法克服，並在必要時依靠、尋求家人協助等姿態即可。

簡單來說，父母需「懂分寸，知進退」。我們要懂得分辨在孩子的生命中出面跟退場的時機。在因事故造成危機的瞬間，或孩子無法自行解決的巨大逆境中，陪在他的身旁、成為他的力量，並在他機會學習的瞬間退下，才是有智慧的父母。

會念書的關鍵在 RQ 而非 IQ

不少父母一談到教育，就會有過度熱中的現象；孩子才剛滿週歲，就忙著幫他規畫人生，設定好大學、畢業後的出路等。他們將孩子的日常以小時、分鐘切割，替孩子計畫、做決定。

在孩子還小時，父母的地位高、影響力大。因此，當父母替孩子計畫他們可能喜歡的東西，或提供喜歡的教材或教育課程時，孩子通常會跟著做。但你能幫他們這樣計畫、輔助到什麼時候？

父母的努力可在短時間內提升孩子的成績。但等到孩子進入國高中後，就可能出現倦怠。如果過度著重在教育而缺乏親密溝通，就會在不知不覺中與孩子越趨疏遠。

如此成長的孩子，即使進入大學，也會因為沒有自己做計畫跟下決定的經驗，導致不清楚自己喜歡、擅長的事物，遇到困難時也不知如何應付。若無法成為自己人生的主人，就容易陷入自卑感之中。父母為了孩子的成功而不懈努力，最後反而造成了傷害。如果可以把這份努力投注在培養韌性上，不論是父母或孩子，除了感到幸福之外，也一定會得到更好的成績。

會念書的孩子的共同點

很多人會認為，孩子很會讀書多半是因為頭腦好的關係。但並非會背誦、理解力好等學習能力強就很會念書，其中也需具備能在念書過程中克服各種困難的能力。

念書是一種帶著好奇心找出未知事物的過程。你需要持續探索未解難題的毅力，以及希望發展的上進心，並且也需要在未達理想時不輕易覺得受挫，而將其視為經驗，並持續努力發展的正向態度。此外，還必須戰勝被分數、等級、學分等評價的壓迫感。即使有時結果與努力不成正比，或可能在考試中出錯，都必須在克服挫折感之後重新站起來。

各位有聽過逆境商數（AQ，Adversity Quotient）嗎？這有點類似眾人普遍知道的智商（IQ，Intelligent Quotient），不過它指的是在遇到困難時克服並應對的能力。逆境商數有時也稱作韌性商數（RQ，Resilience Quotient）。進行韌性相關研究的學者主要會使用AQ或RQ表示，而在積極性、適應性、持續性、自我調節能力、問題解決能力、人際關係能力等要素當中，每位學者認為何者更重要的見解都有些許不同，卻一致同意這些都是韌性的基本資質，而這些資質可用來測定從壓力或困難中重新振作的耐挫力。

以下是以成人韌性商數測試為基礎，並針對孩子韌性商數進行改編的檢測表。請從客觀的角度觀察孩子，並進行檢證。

孩子的韌性商數檢測表

	項目	完全不同意	不同意	普通	同意	完全同意
		1	2	3	4	5
1	遇到問題或困難時不輕易動搖，且會表現相對平穩的姿態。					
2	平常很愛笑，開朗正向。					
3	容易適應新環境或新朋友，甚至樂在其中。					
4	遇到不好的情緒或困難時，可輕易脫離並重新振作。					
5	有幽默感，遇到問題會笑笑帶過。					
6	會用話語給他人帶來正向或負面的情緒。					
7	需要幫忙時，會主動向父母、老師、朋友等他人求助。					
8	擁有自信、自尊等正向自我意象。					
9	經常對感到好奇的事物提問，懂得享受學習的過程。					
10	透過自己或他人的經驗，學習「下次應該這樣做」。					

11	會嘗試自己解決問題。					
12	與朋友關係友好，有領導能力。					
13	可根據狀況彈性處理事情。					
14	了解自己懂跟不懂的事物。（後設認知）					
15	可用不同視角去正視問題。（創意思考）					
16	會對朋友的痛苦或傷心產生共鳴，並給予安慰。					
17	不只顧著自己說，也會認真聆聽朋友說話。					
18	不會歧視朋友的不同，而是會尊重彼此的差異。					
19	在艱難的情況下也不輕易放棄，而會堅持到最後。					
20	在逆境與挫折中，會抱持著「多虧如此」「這樣也好」的正向心態。					
	合計					

80以上：耐挫力非常高。　65～80：耐挫力偏高。　50～65：有耐挫力。
40～50：耐挫力不足。　40以下：需要幫助。

韌性商數高的孩子除了會念書之外，也能在其他領域獲得成功。無論哪個行業，只要觀察該領域的成功者的生活，就會發現他們都是善於克服逆境的佼佼者。例如，撐過默默無名時期的著名演員、克服受傷或低潮期迎向巔峰的運動選手、將事業失敗視爲墊腳石而實現創新成就的領導人……這類不放棄並持續前進，最終獲得成功的人，都擁有堅強的耐挫力。

　　我在美國大學深造時就實際感受到這一點，同輩中較優秀的人，韌性商數檢測項目幾乎每一項都在4～5分之間，RQ商數合計超過80分以上。這些人充滿好奇心、喜歡學習新事物，會嘗試自己解決問題。此外，在意識到需要幫忙時，也懂得向朋友或其他成年人求助。若是遇到困難，他們也不會馬上放棄或挫折沮喪，而是不斷地嘗試解決問題。

　　我在哈佛就學期間，系上的同學多半都是這樣的——他們有著強烈的進步欲望，對每件事情都抱持躍躍欲試的態度、選讀哈佛的目的性十分明確、非常有自信且對自我的認知高，同時也懂得尊重他人的想法。如果在課堂上辯論，偶爾會有同學講出一些不合邏輯的話，但就算這樣也沒有人會輕視對方意見或一味嘲笑。他們反而會深入詢問，了解對方的立場，甚至有時候因爲太專注聆聽而導致課程跟著延長。

　　哈佛的學生多半如前述，RQ高、耐挫力強。要跟聚集全世界最優秀學生的哈佛大學生一起學習，如果沒有這樣的耐挫力，

恐怕很難生存下去。所以，如果檢測發現孩子的韌性商數不高，與其厲聲威嚇他去念書，不如先讓他做些能夠提高耐挫力的相關練習。

此外，會念書但韌性商數低的孩子，也難保在進入大學或社會後，仍能保有不怕挫折、高度進取的學習態度。父母必須把目標放遠一點，預設隨時有動搖的危機，在奠定發展基礎的幼兒期就培養和提高孩子的耐挫力。具體的方法將在〈第7章〉說明，從中可以學到如何增強孩子耐挫力，養成好的讀書習慣、培養健康的生活習慣等。

教孩子百折不挫，
比陪他療癒創傷更容易

事實上，我們每個人都擁有耐挫力，也就是面對逆境的潛在能力。好比剛出生的嬰兒在心理不安或肚子餓時，會吸吮自己的手指來安撫情緒，或是陷入悲傷時，經過一段時間後會慢慢緩解……這些都是人類共有的本能。

也就是說，人人都有耐挫力，差別只在於能夠忍受的程度或性質不同。

請想像一下，在你眼前有個水晶碗和一個不鏽鋼碗。水晶碗看起來非常精緻美麗，卻可能一敲就碎，必須小心對待。你平常細心地收藏著，只在特別的日子或有客人來時拿來用，而且只會盛裝悉心挑選的食物。相反的，不鏽鋼碗摔不破，被撞凹了也能掰回來，所以經常利用，尤其適合給孩童使用，而且能盛裝各式各樣的飲食菜色。

我們必須幫孩子培養如不鏽鋼般的堅強韌性，而非一碰就碎的水晶碗，而這取決於父母或主要照顧者的對待方式。如果對

待孩子像水晶一樣，總是小心翼翼只讓他們經歷輕鬆美好，孩子就會像水晶碗那般脆弱。這樣的玻璃心、不耐挫折，容易遇到一點小事就崩潰。相反的，若能讓孩子自在地面對各種體驗，他自然能培養出如不鏽鋼般堅毅的韌性。父母就算知道孩子正面對可能失敗的挑戰，也不要太急著幫他減輕負擔，而要讓他獨力去面對，才有機會養成鋼鐵般的意志。

孩童的人生歷練不足，與大人相比勢必韌性較弱。然而，即便是 5 歲的孩子，也可能在所經驗的短短年歲中遭遇困難或失敗，而這就是一個訓練韌性必經的過程。孩子隨著成長會遇到更多不同的難關和挫折，當他克服後再奮起的同時，也就一併養成更為強大且堅實的韌性。

美國改革家暨人權運動家弗雷德里克・道格拉斯曾說：

「養育堅強的孩子比療癒受創的成人來得容易。」

為了讓孩子變得堅強，請父母一定要讓他有機會自行體驗各式各樣的經歷。

盛裝的經驗越多元，你的容器就越堅固

韌性會受到某些天生性格影響，這點可能連父母也束手無策，也因此如何藉助生活經驗培養出韌性就更顯重要了。許多研究證實，環境因素會對孩子的發展造成影響，父母可在孩子遇到困難時，教導他不逃避、不放棄，並引導他試著想出各種方法來

解決問題，藉此培養韌性。每個孩子因為出身不同，起跑點自然不一樣，卻可根據後天的成長和培養擴展自我的能力。所以，經歷尚淺的孩子會受父母的影響而形塑出易碎或耐用的容器，而且容量和盛裝的東西也會隨父母的教養而有不同。

當然，沒有父母會忍心看著孩子受苦，總想著給孩子最好的，甚至會代為解決問題，對待孩子如水晶般無比寵溺。但是，教育的最終目的在於使其獨立。所以，如果希望你的孩子長成獨立又堅強的大人，就要促使他們有足夠的韌性去面對各式各樣的挑戰，讓他們能自力形塑出盛裝各種經驗的不鏽鋼碗。

學騎馬時會先學習墜馬的方式、訓練花式溜冰會先教如何摔倒卻不受傷、教練滑雪時也是先教跌倒後如何再站起來。這都是因為你必須知道摔倒、重新站起來的方法後，才能繼續向前邁進。同樣的，若孩子在未經各種體驗，學習調整自己的情緒或行為的情況下長成大人，就無從得知從中脫困的方法，甚至容易遇到更大的挫折時，掉進無盡的深淵之中。

因此，必須趁孩子還在父母的羽翼下，讓他們嘗試跌倒後重新站起來的方法。父母必須幫助孩子經歷各式體驗，並從中充分養成應對的能力。只是有一點需注意。請避免為了讓孩子養成堅毅的韌性，而一次在他的容器裡盛裝過多的經驗。你必須考量孩子能承受的程度，一點一點地從小難關開始訓練。年幼孩子的承擔力較弱，韌性和耐挫力有待養成，若是讓他體驗對他來說過大的難題或挫折，孩子無法承受下自然無法培養渴望挑戰的熱情。

例如，從沒離開過媽媽身邊的幼童，在沒有心理準備的狀況下，突然被帶離媽媽身邊，到陌生的場所和陌生人共處一天，他一定會大感挫折，不知如何應對。因此，有效的訓練法是要事先告知並讓他做好心理準備，與媽媽分離的時間要從 30 分鐘開始，慢慢延長到 1 小時、2 小時，這樣孩子才比較能面對，過程也會更為順暢。

又比方說，要求一個不熟悉數字的孩子不斷解題，或要一個未滿 5 歲的小孩坐著不停寫字 1 小時，這麼做都只會讓他們直接放棄念書。因此必須在父母可控管的情況下，將練習量調整為孩子可承受的範圍，提供他們各種經驗，循序漸進地重複經歷適當的困難或挫折，孩子自然會透過一次次的經歷學會解除困境的方法，並且養成足夠的韌性，把自己的容器擴展得更為巨大堅固。

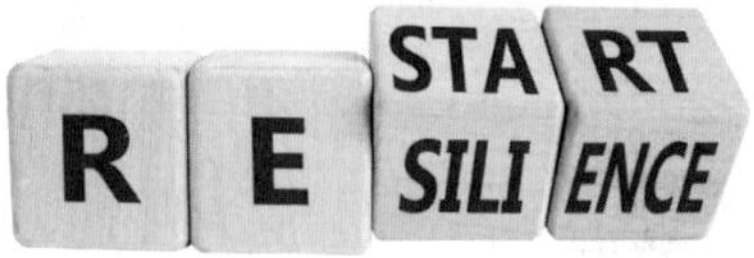
R E STA RT
SILI ENCE

第 2 章

**含金湯匙出生的孩子
也避免不了挫折**

苦難、逆境、失敗、挫折……這些詞彙光看就讓人不安、鬱悶。你應該也想過，但願這類事情只出現在電影或戲劇裡就好，然後絕對不要發生在自己家人或孩子身上。畢竟，在一般的家庭裡有父母保護，孩子應該不會遇到多大的困難或挫折吧？

　　譬如，天災或戰爭這類不平常的大災難；在考試中落榜或歷經失敗而受挫這類事件等，都不是本書所要探討的逆境、困難。在這裡我們僅就日常中充斥的大大小小的難題和困頓引發的失敗和挫折做分析。

　　孩子所面對的困難對經驗豐富的大人來說可能不是問題，但從他們的立場來看，卻有如天崩地裂般嚴重。當這些小小的苦難跟逆境不斷累積，在不知不覺中會在他們的心裡形成陰影。再加上，父母不是孩子，跟孩子看待事情的角度也不同，解決問題的方法自然也不會完全一致。

　　然而，要從孩子的角度來看事情並非易事，但是父母若想要培養他的耐挫力，就必須配合他的立場，去正視他所面對的失敗。首先，你必須細心觀察孩子在日常裡經歷了哪些逆境、挫折、困難。

　　本章將根據孩子出生後所面對的世界：自己、家庭、社會等，依序帶父母了解孩子會在何時何地經歷哪些挫折、失敗或困難，以及補習文化盛行的環境下成長的孩子最常碰上的難關。

面對自己：
成長過程發展不均的挫折

孩子出生後會在探索、體驗自己所屬的世界中逐步成長，幼兒期的世界起點就是自己本身。他們首先會意識到自己的身體，並透過身體與環境互動，拓展對自我的認知。

為人父母者應該都能理解孩子發展的速度跟樣貌非常多元，但大多對孩子面對的困難不甚了解。孩子在成長的過程中可能遭遇發展不均，而這會帶給他極大的挫折。由於不知如何處理生平以來初次體驗到的挫折，就容易以問題行為來表達訴求。

想要探究箇中因素，就必須先了解孩子的發展過程。孩子的發展有一定的順序。要先會坐才會站，要會站才會走路。就像學習語言，你必須先發出聲音咿咿呀呀，之後才能漸漸吐出單字，進而形成句子。

此外，發展也會朝一定的方向進行。若以孩子的身體為例，即從上到下、從中心往外，以及從整體到各個細節。原本光是畫

個圓就得用到整隻手，到後期不知不覺的只要動動手指就能畫出來了。

孩子的發展可分成認知探索、語言溝通、社會情緒、身體動作、生活自理等五項。第一項、認知發展：簡單來說就是指孩子的智力。認知跟其他領域並無太大關聯，可以認知能力為基礎，發展語言或社會技巧。第二項、語言發展：語言分為接收性語言及表達性語言。其中接受性語言，是指理解語言和非語言資訊的能力，而表達性語言則是指表達自我意志的能力。

第三項、社會情緒：意指跟他人的互動能力，以及認知包含自己與他人的情緒並產生共鳴，進而進行調節的能力。第四項、身體動作：亦即運動能力，並分為大肌肉與小肌肉。大肌肉是人類走跳移動時必備的大肌肉調節能力，小肌肉則是寫字、剪裁等，用到手的小肌肉調節能力。第五項、生活自理：就是在日常生活中自行發揮必備基本技巧的能力。例如：刷牙、洗手、自己穿脫衣服、吃飯大小便等都包含在內。

這五項領域會相互輔助發展。譬如，新生兒時身體會迅速發展。「身體」發展後使孩子的活動範圍增廣，便會看到、聽到、感覺到更多事物，讓「認知」也一同成長。而「認知」在成長同時，也會形成「語言能力」，並以語言能力為基礎，培養社會性。

上述發展雖然是連續的，速度卻不盡相同。儘管理想上，各個領域能平均成長是最好，但根據孩子先天的資質與養育環境不

孩子的發展五大領域

認知探索

社會情緒

語言溝通

生活自理

身體動作

同,有時某個領域發展可能會較另一個領域遲緩。當然,每個孩子天生具備的才能不一樣,有時也可能是一個領域發展比另一個更快。

但是,若將特定領域與其他領域做比較呈現出極大的差異,甚至影響到其他領域發展的話,當差異越大時,孩子受到的挫折感就越大。

語言發展不均

艾登是非常好動的孩子。他比「發展量表」標記的時間點更快開始抬頭、爬行,並在10個月大就開始走路了。過週歲之後活

動範圍增加，移動也更快。但到了 18 個月後，他仍無法開口說話，只會比畫手勢或發出咿咿呀呀的聲音，並經常做到一半就開始大哭。他變得越來越沒耐性，最後還開始亂丟東西。

相反的，不停講話的雅各很快就開始發聲，發音也很明確，因此在周圍人眼中說話發展迅速。不過他只顧著自己說話，不太聽大人的話，也不跟從指示。因此被奶奶、爺爺冠上特立獨行、搗蛋鬼之類的綽號，被罵的次數也不斷增加。由於一直被罵，他開始變得畏畏縮縮，覺得自己不是個乖孩子。

兩個孩子都因語言發展不均，導致情緒領域受到間接影響。艾登的身體發展——特別是大肌肉比平均年齡的孩子發展更快，但語言發展卻十分遲緩。他的活動範圍隨著身體成長逐漸擴大，因而能用更多元的感官去感受、了解這個新奇的世界。藉此，他的認知領域也獲得成長，使單純的思考變得更深入、更複雜，欲表達自身想法的意志也跟著增強。然而語言卻無法跟上這樣的發育速度，導致表達不順利，進而遭遇挫折。

雅各很會用話語表達，所以周遭人不覺得他有語言上的問題。人們對於話說得快又聰明的小孩期待值較高，不知不覺會把他當成已能聽話的大孩子對待。不過相較於該期待值，雅各不遵從指示，也不聽大人的，招致他不斷受到周圍人的指責。

若是在形成自我的重要時機經常受到斥責，就無法形成健全的自我。也因此使得雅各認為自己不是乖孩子。但事實上，這是因為雅各理解語言資訊的接納性語言發展，比傳達自我意志的表

達性語言發展遲緩許多，才會無法理解大人說的話。

各發展領域間的不均

除了語言發展之外，其他發展領域之間也可能產生不均。

5歲的班傑明擁有比生理年齡更卓越的認知能力，但社會情緒的發展比較晚。他每次去幼稚園，主要都是與老師對話，而非同學。這是因為他覺得比起同學，跟能順暢溝通的大人講話更愉快。此外，他在表達情感上較笨拙，也就難以跟同學打成一片。在玩需要團隊合作的遊戲時，他只顧自己出頭，而不給朋友機會；當遇到情緒激動的瞬間，只一味推同學、大聲尖叫，人際關係自然難以形塑。

身體發展受限時，也可能造成學習困難。莎莉的認知和語言能力跟同齡孩子差不多，但當開始寫字後就遭遇難關。莎莉只要一到寫字時間，就會把身體靠在桌旁歪坐著，並在紙上寫下模糊不清的字母。老師自然不斷糾正她的姿勢跟拿筆的方法，提醒她寫字時手要更用力。但後來才知道，莎莉是支撐身體的核心力量不足，所以無法坐正；而手的肌肉發展遲緩，才難以將字寫得清楚。因為身體發展不均導致學習落後的孩子，卻被誤認成態度不佳，從孩子的立場來看，會是多麼委屈辛苦？

另一方面，天生感覺較為靈敏的孩子，有可能在一般人容易理解、微小的事情上，遭遇巨大困境。例如，有些孩子光是吃東

西就覺得困難，也有些孩子會對光或聲音、觸感等過度敏感。

有時父母看到孩子挑食，會下意識認爲是壞習慣，並強迫他們進食。這個出發點在於考慮到孩子的營養與習慣所致。不過有時卻是因爲孩子從感覺上無法接受特定味道或口感，才吃不下去。除了食物味道問題之外，也可能因口腔肌肉尚未發育完全，使得孩子未能做出咀嚼或吞嚥等行爲。當父母沒認知到上述理由，就強迫孩子吃東西時，孩子就容易對吃東西產生更大的恐懼或抗拒。

孩子會經歷大人無法理解的生長痛，嬰幼兒自然不知道如何在成長的過程中應付這些必經的困難，而出現大哭、大叫等行爲問題。假設能了解孩子的發展過程，勢必可幫助他們跨越困境，使他們健康成長。孩子的問題行爲，也是培養其韌性的契機。

面對家庭：
父母的養育方式造成的困難

孩子出生後最先遇到的他人，就是父母及家人。由於孩子會透過初次建立關係、協助累積經驗的家人認識這個世界，因此家人的話語、表情、姿勢、行為、生活方式等因素，全都會影響孩子對這世界的理解，所以說家庭環境或父母的養育風格對孩子的發展極為重要。

生孩子之前，每對夫妻都會想像「要成為這樣的父母，而不要成為那樣的父母」等。他們會看育兒書，也會在網路上找育兒的相關知識，甚至思考自己與父母之間的關係，畫出理想父母的藍圖。但等到孩子出生後，才發現很多事情無法如想像那般，甚至連自己沒意識到的模樣都顯露出來，對孩子造成影響。有時，孩子的苦難與挫折，就是從父母開始的。

父母的養育態度會給孩子帶來決定性影響

　　心理學家戴安娜‧鮑姆林德將父母的養育態度分成四種類型。她以溫暖、細心對待孩子（Responsiveness）以及控制孩子（Demandingness）程度的標準加以區分，而這裡為使各位容易理解兩種標準，將以「愛意」與「控制」來表達。

　　大致來說，可如下頁圖表分成四類型，但每對父母的養育態度不盡相同，因此孩子可能在各種複合養育風格類型下成長。各位可能認為，在充滿愛的父母底下成長的孩子不會遇到什麼困難，然而如果只有過多的愛或過度的控制，仍會有問題產生。

　　首先，**寬容式**的愛意雖高，但控制性低。也就是說，這類型父母讓孩子做自己想做的事情，也不會訓誡他們。父母感覺像是孩子的朋友，也處處為孩子著想，但因為不控管，造成孩子的自我控制經驗少，在自我情緒或行為調節上產生困難。當有較大情緒反應時容易被情感牽著走，遇到困難時可能大受挫折而放棄，或做出丟東西之類的激烈行為。孩子過去一直按照自己的意思過活，使他不容易遵守規定或紀律，只要稍微辛苦一點就可能崩潰。這樣的孩子也很自我中心，因而無法理解他人的立場，共鳴能力也低落，難以建立並維持人際關係。

父母的四種養育類型

寬容式 期待值低 規則少 讓孩子做任何想做的事情 接受 寬待 避免對立 溫暖	**權威式** 期待值高 標準明確 積極 民主 彈性 即時反映 溫暖
忽略式 不期待 規則少 缺席 被動 忽略 不關心	**獨裁式** 期待值高 規則明確 堅決（強迫） 獨裁 無彈性（嚴格） 處罰 限定性的溫暖

愛意 Responsiveness（縱軸：低→高）

控制 Demandingness（橫軸：低→高）

第二種，控管低、愛意也低的**忽略式**，這類型父母對孩子毫不關心。他們既不表達自己的愛意，孩子做錯了也不會教訓。各位可能認為，忽略式類型的孩子主要來自父母的愛不足，不少為了謀生而忙碌或整天無精打采的父母就容易造成忽略。在忽略式父母底下成長的孩子，有時會為了引起他人關注而產生問題行為。這是因為從他們的經驗來看，這樣做才能多少獲得一點關心。也因為無法感受愛意而渴望被愛，導致自尊心低且易怒。這也讓他們難以培養親密的人際關係。他們跟接受寬容式教育的孩子一樣，沒有學習自我調節，因此較為衝動，無法控制情感。

　　第三種，**獨裁式**的愛意低、控制性高。這是老一輩父母常見的類型，他們會強加自己的想法在孩子身上，並嚴格訓誡。這樣的父母會直接說「聽話」，然後忽視孩子的情緒或想法，只要求遵守父母的意思就好。既不說明為何要這樣做，也不仔細觀察孩子的情緒。如果孩子想說出自己的想法，就會斷定他們「愛頂嘴」或「沒禮貌」。

　　在這種威權主義下成長的孩子會四處看人臉色，無法自行做出決定，並遵照他人意思行動，很難獨立解決問題。由於父母不了解孩子的心情，使得孩子不擅長表達情緒，就不容易跟他人建立關係。自尊心與自信心低落時，無法形成健全的依戀關係，造成孩子抱持不安。

　　獨裁式父母中也有會實施體罰的父母，這種行為比起教訓更

容易引起孩子的憤怒跟反抗心，從而產生暴力行為，甚至為了避免父母太過嚴格與體罰，小小年紀就開始說謊。

「你不聽媽媽的話嗎？」「新年時，一定要說吉祥話」「一定要聽爸媽的話」等，孩子被要求必須順從父母的意見，父母會要孩子「當個聽父母話的乖寶寶」。藉此，讓我們重新思考一下這句話的涵義吧！

只不過跟父母的想法不同、誠實說出自己的想法，就是個不聽父母話的壞孩子嗎？孩子為什麼必須總是服從父母的話？孩子也有自己的想法。假設孩子在一個「媽媽叫你做你就做」「大人說什麼你就說對就是了」「做這個做那個」等充滿指示的家庭長大，將無法成長為可自信說出自身想法的人。

第四種，**權威式**是這四種類型中最可取的養育態度。這種養育方式愛意跟控制性都高，對孩子表達的愛很充分，孩子做錯事情時也會進行控管。他們尊重孩子的想法與情緒，也會說明控制或訂規矩的原因，設法讓孩子接受。孩子在愛意中形成健全的依戀關係，學習對錯、訓練自我控制，有益日後的人際關係。

尊重是提升韌性的要素之一。當孩子感覺自己受到尊重時就能愛自己，並用這股力量克服困難。為了讓孩子敞開心胸說話，請不要因為他年紀小就刻意壓抑自己的表達方式，並且在詢問孩子想法時，務必用心聆聽並尊重孩子的意見。此外，權威式的養育風格也有助於提升自尊心、自我效能、獨立性、社會性等韌性

潛質。

那麼在權威式父母底下成長的孩子，是否就不會遭遇任何困難？並非如此。除了養育風格之外，家庭環境也會給孩子帶來重大影響。

不穩定的家庭環境

養育環境也是造成孩子挫折的要素之一。父母之間的關係、與其他家人之間的關係等，家庭的氣氛會對孩子造成極大影響。假如夫妻失和，父母情緒上的壓力與負能量，會在不知不覺間轉移到孩子身上，讓孩子成為情緒的垃圾桶。孩子在不穩定的家庭環境中逐漸畏畏縮縮，並時常抱持不安感，這會使他陷入無精打采的狀態，或形成兒童憂鬱症、強迫症、抽動障礙等症狀。如果家庭中有辱罵、暴力等情形，孩子甚至會產生恐懼感，並且累積憤怒值，促成暴力傾向。

有時因為家庭環境出現新的變化，也可能讓孩子感覺挫折。好比原先只與父母建立關係，卻突然多了一個弟弟或妹妹，使得以他為中心的世界，變得必須跟弟妹分享。本來可獨占父母，但有了弟妹後，父母關愛的目光被分散了，就連祖父母跟親戚也都以弟妹為優先。

身處的環境瞬間劇變，孩子承受巨大的壓力後，就可能做出過往不曾有的異常或退化行為。弟妹出現後，孩子實際上感受到

的變化，從他的立場來看是一種極大的困境。

離開家人住的熟悉房子或社區，並搬到新的房子時，也會使孩子面臨困境。因為孩子無法從新家獲得熟悉環境的安全感，必須適應新事物。假如孩子特別敏感，則需要承受與適應的強度會更大。

根據搬家動機不同，孩子經歷的困難種類和程度也不同。父母離異、經濟困難、父母離職等，隨著理由差異，孩子與父母在一起的時間及日常行程會產生變化。而父母在新環境中截然不同的情緒或行為，也會對孩子造成影響。

面對社會：
新環境與關係形成的衝突與不安

孩子身處的世界隨著年歲增長，範圍會越來越廣，走出家庭開始接觸托兒所、幼稚園或學校。避開陌生事物是人類的本能，特別是年幼的孩子仍處在初識這世界的階段，成長過程會持續遇到陌生的人、陌生的場所，而這些都是他們必須學習適應的課題。由於本能會迴避陌生，又因為不安而更加依賴父母，前方卻是孩子必須隻身前往的新世界 —— 父母都不在的地方，需要學會獨自適應。

尚不滿週歲、從未跟父母分開過的孩子，難以理解特定時間一到，媽媽就會回來的概念，面對新環境會更加恐懼。畢竟不是他熟悉的固定日常，也不在他能預料的程序範圍，而是充滿全新、從未體驗過的事情，他當然會難以承受、消化。

孩子再大一點到托兒所後，雖可理解時間一到父母會回來的概念，卻也必須學習並執行家裡所沒有的，或是更嚴格的紀律與規矩。

家庭裡的經驗就某種程度來說是繞著自己轉的，若家裡只有他一個小孩，那更是如此。然而在所謂學校的團體生活中，很多事你必須在無人幫助下獨自執行，好比自己吃飯、穿脫衣服等。少了即使不說也會來幫忙解決問題的父母，孩子必須試著將自己的想法表達出來，才能達成希望。像上述這種必須適應新環境的事情，都在等著孩子面對、適應。

教導延遲與調整欲望最重要的時期

孩子離開熟悉的家人後，必須在前去的場所與第一次見面的同學或老師交流。在與陌生人溝通的同時，會面對新的矛盾局面，並初次體驗到更複雜的情感。

過週歲的孩子雖然曾在家裡感受到高興、悲傷、憤怒等情感，但去了托兒所之後，會初次感受到可惜、不安、吃醋、焦急、害怕、焦躁等情緒。這是因為孩子在認知上、情緒上變得更發達。

在家裡時，比自己年紀大的親戚姊姊、鄰居哥哥都會禮讓他，但到了托兒所，身邊都是同年齡的孩子，不僅自己的玩具要跟他們分著玩，有時候喜歡的東西還會被別人搶走。以前只要說想玩，周圍的人都會應聲好，結果現在和同學一起，不時會被拒絕，而且玩著玩著可能會被撞倒，偶爾朋友還會說出討厭的話或是開討厭的玩笑。

孩子初次遇到這些情緒時，會不知道如何應對而感到慌張。他們會在從未體驗過的全新關係中遇到諸多難題。此外，在新環境中，也會有越來越多的事情不能按照希望的方式進行。在家庭裡，即使不刻意說出自己想要的事物，父母也會察覺並滿足他，從沒有過需要的欲望被延遲的狀況。但是開始去托兒所跟同學一起學習，就必須按照順序等待、一起分享使用，而且必須配合規定的時間才能去做想做的事情。

　　過去對父母表達情緒的方式已不適用於新環境，行為也是一樣。孩子必須配合情況調整自己的身體、情緒，卻因為經驗不足、未經訓練，而感到鬱悶、挫折。像上述在幼兒時期碰到的全新事物、環境，以及需調節情緒或行為的瞬間，都會使孩子遭遇困境。

補習風氣盛行下，
孩子所經歷的苦難

到目前為止我們介紹的，是每個國家的小孩在成長過程中都會經歷的苦痛。但是在講究「萬般皆下品，唯有讀書高」的社會下，受到世俗觀感的影響，成長中的孩子會遭遇到因文化特殊性引起的困境。

過去 20 多年，我在美國諮詢過各種文化背景的父母，感受到東方的父母確實特別注重教育。尤其是近年生育年齡越來越晚，獨生子女的家庭越來越多，父母對孩子也更為疼愛。

雖然孩子的教育問題是普天下的父母都會碰上的，但根據我的觀察，韓國小孩從小就承受著極大的學習壓力，韓國父母會在幼齡期就施行早期教育。生活中到處可見廣告提醒父母「幾歲之前一定要做」「不做後悔」等讓人不安的警語，受到這種社會氣氛影響，父母紛紛帶著年幼的孩子投入補習班的世界。

原本應該用五感自由探索世界、滿足好奇心，在該玩的時候好好玩的孩子，卻早早就坐在書桌旁開始念書。父母以培育國

際人才之名，讓孩子準備程度測試，為他們貼上等級的標籤，再幫孩子安排學齡前教育、英才教育、英語，甚至是創造力、演說力、領導力課程等，知名補習班的一系列課程。

這種從小就被測試分類、沒進前幾名就等於落後的思想，無法讓孩子形成健全的自尊心。過去只會問「媽媽妳看，我很厲害吧？」的孩子，在進入幼稚園之後卻直稱「我太差了。○○更厲害。我掉到○○了」，不停地批評自己，或是表現自卑，著實令人遺憾。

自殺之所以是韓國兒童青少年死亡原因第一名，應與補習風氣盛行脫不了關係。根據統計廳發表的「兒童青少年生活品質」報告書，光是2021年，滿0～17歲的兒童青少年自殺率，10萬人中就有2.7人，為歷史新高。特別是12～14歲的自殺率劇增，令人怵目驚心。

許多父母只看結果，顧著稱讚孩子的成績。而孩子也為了符合期待而努力，以繼續獲得他們世界的全部——父母的稱讚，同時也害怕自己的努力不符期待，而感到焦躁不安。

有父母會說：「我的孩子喜歡念書，補習班行程滿滿也都跟得上。」但孩子真的是因為喜歡才做的嗎？請不要因為孩子安穩地走在父母設定好的路上就放心。孩子是否真的在其中感到滿足、享受，有檢視的必要性。

若你為孩子定好某種教育藍圖，最好重新思考這是否真的是為他所設立、是否真的有益、是否符合實際，還是只是出於你自

己的私心。若想培養孩子的韌性、耐挫力，就必須與孩子一起共同制定這份教育藍圖，畢竟實際去完成這份藍圖的人，是你的孩子而不是你。

孩子需要什麼都不做的「放鬆期」

如果將孩子玩樂的時間全部拿掉，只會讓他感到憂鬱。在玩耍中孩子才能完全感到自由，在自由裡才能感受到快樂與幸福。孩子可互動體驗、掌控各式情感，並透過主導的遊戲培養主體性、計畫性、推動力、創意力、問題解決能力等。而學習壓力大國家的孩童所面臨的困境，正是沒有充分遊玩的時間。

孩子除了遊玩時間，也需要什麼都不做的「放鬆期」。請想想，你是不是也有過必須什麼都不做、安靜休息才能讓頭腦冷靜，或在百無聊賴下思考出做什麼比較好而湧現嘗試的念頭、萌生新的創意。孩子也一樣，可以透過這樣的放鬆過程了解自己喜歡的事物，並發掘潛能。這種放鬆期讓情緒、肉體有機會充電。而沒有放鬆期的孩子將失去了解自己喜歡什麼、擅長什麼、發生問題時該如何解決等，深度思考的機會。

有些父母為了讓孩子有各種體驗，一到週末就會帶著孩子到戶外活動、參與藝文賞析，或是去兒童樂園。雖然可以為孩子創造更多回憶，但如果平日的行程已經很緊湊，連週末也這麼忙碌，恐怕會產生副作用。孩子初期可能會開心，但很快身體就開

始疲倦，久而久之自然產生厭倦，最後週末的活動已不再如父母所想的那樣愉快了。

　　反觀，已經習慣忙碌行程的孩子，或許會無法忍受靜止。這類孩子沒有放鬆期的經驗，導致他們不知如何填滿時間，這種情況下會更加依賴父母。光是在家裡待個 5 分鐘，就狂喊「無聊」，是因為他不知道自己喜歡什麼，以及做什麼會覺得有趣。長此以往將會養成不斷尋求刺激性東西的習慣。

　　大人需要休息或發呆的時間，才能在充電後重新開始工作；小孩子也需要釋放身體與心靈疲勞的玩樂時間與放鬆期。假如沒有保留這樣的時間，生活就會產生負面情感，或是造成身體過度疲勞和壓力過大的危險。像倉鼠一樣不停地在滾輪中奔跑，沒身於忙碌的行程中，容易引發不安、憂鬱，進而產生倦怠。睡眠不足更會嚴重打擊孩子的均衡發展，不可不慎。

物質主義形成的壓力

　　除了學習壓力，韓國的孩子對於排場、物質上的理解，似乎也比其他國家的孩子快速。我們經常可在孩子的對話中聽到「你住哪個社區？」「聽說○○家有 40 坪大」「聽說他爸爸開○○牌汽車」等。這些話都是孩子直接從父母或周圍大人身上學來的。韓國社會十分看重「他人眼中的自己」，就連孩子彼此之間也常出現這類物質導向的對話，這完全是我們大人的錯。

此外，孩子可透過網路可觀看各種內容，輕易就能接觸到不同的世界。電玩遊戲實況、各種迷惑孩子目光的玩具推薦頻道，助長了孩子想要擁有的欲望。看著這些成天講著「FLEX」①，然後露骨炫耀的YouTube頻道，他們心裡會產生相對剝奪感。儘管每個孩子對於該內容的接受度有所不同，但若是看到與自己身處的現實差異過大，孩子會作何感想？人格尚未成熟的兒童會陷入物質主義，用扭曲的角度看待這世界。

正如前述，孩子伴隨成長會遭遇不同的困難與挫折，而韌性強的孩子不會輕易放棄或感到挫敗，他們反而會為了克服該狀況而努力成長。韌性強的孩子的確有共同特點；下面的章節我將為大家介紹，我在哈佛就學期間作為教育顧問進行過的專案，以及在美國學校作為教師與校長所遇過的韌性強、耐挫力高的孩子們的故事，並且為你分析韌性強的孩子都具備哪些資質。

①韓國流行語，意指炫耀、裝帥之意。

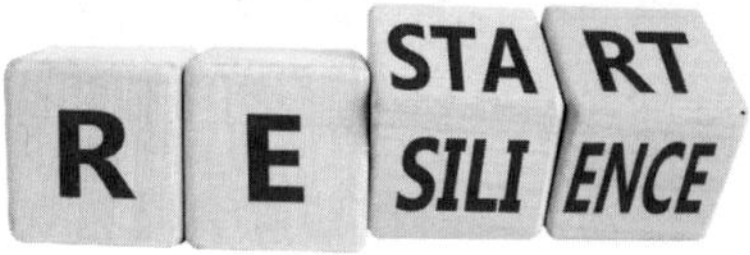
R E STA RT
SILI ENCE

第 3 章

耐挫力高的孩子有五大資質

我就讀哈佛大學期間，曾前往學校實地進行孩子的韌性相關研究，密集觀察了波士頓公立小學孩子們的家庭環境、學習態度、成績、人際關係等，並訪問學生、父母及教師，了解孩子會在什麼樣的狀況及何種原因下面對境與挫折，並且也探討是什麼力量促使孩子能夠克服困難並重新振作繼續前進。

畢業後，我在美國的公、私立學校服務超過20年，見過數萬名的孩子，從中我觀察到每個孩子根據不同狀況各有各的反應和應對的方式，因而發現到韌性強、耐挫力高的孩子具有共同點。

影響孩子韌性的五大資質	
天生氣質	Character
自尊心	Confidence
人際關係	Connection
溝通能力	Communication
應對能力	Coping

如上表，韌性、耐挫力會特別受到五大資質影響，而我將它整理成容易記憶的5C。接下來，我將與各位探討這五大資質如何影響孩子的韌性、耐挫力，但在進入本文之前，必須提醒各位，除了第一個C「天生氣質」之外，其餘4C都是可於後天培養的。也就是說，韌性、耐挫力並非特別的孩子才有的能力，而是不論誰都能養成。現在就來一一探討這5C吧！

天生氣質：
有利於提高耐挫力的資質

　　每個人對於某件事或關係引發的狀況反應程度不一。例如，朋友突然取消約定，有的人會生氣，有的人則覺得沒關係。像這種先天的性格就稱為「氣質」。

　　美國的兒童精神醫學家亞歷山大‧湯瑪士與史黛拉‧切斯針對孩子的氣質做了「紐約縱貫性研究」①。他們認為，孩子的氣質會分別受到九種特性（參考下頁表格）影響。而根據這九種特性組合，可將孩子的氣質分為三種：溫順、挑剔、緩慢。在此我將引述我在紐約教導過的4歲孩子的故事，幫助各位了解這三種氣質的不同之處。

①縱貫研究（Longitudinal Study）：用來探討人們生命週期的發展趨勢與生活事件的影響，是一種跨越長時間的觀察研究，常用於心理學、社會學及其他領域。

決定孩子氣質的九種特性

	特性	內容
1	活動量	孩子的活力程度。日常的活動量是多少。
2	規律性	生活習慣是否可預測。日常生活有多規律。
3	趨避性	容納或迴避新事物的程度。對於飲食之類的新刺激，是否能輕易敞開心房接近，還是會選擇迴避。
4	適應度	對於變化的適應能力。是能輕鬆、快速適應，還是不喜歡變化，因而在適應上花費時間較長。
5	反應力	反應的強度。對於刺激的反應為何。
6	反應閾	需要多少刺激才會引起孩子的反應。針對光或聲音等環境刺激，反應上的靈敏程度。
7	情緒	情緒的品質。平常抱持多少正向情緒或負面情緒。
8	注意力分散度	因外部的刺激而轉移注意力的程度。能不受周圍刺激妨礙並專注的程度是多少。
9	注意力與堅持度	孩子遭遇難關時，繼續做下去的意志（注意力）與持續做想做的事情的特性（堅持度）。能在不喜歡的事情上投注多少注意力，且做持續在做的事情的期間有多長。

天性純真的孩子

我服務過的曼哈頓學校,一到星期五點心時間過後,大家會前往走路距離約20分鐘的公園散步。在紐約曼哈頓,所謂的戶外遊戲時間,通常是在鋪設人工草皮的室內空間進行,但這一天是踩在真正的草地上自由玩耍的特別日子。

有一次,因為助理老師請假,學校顧慮人力不足帶孩子去公園玩會有安全疑慮,於是改在室內禮堂玩。班上的珍娜一聽馬上聳肩說:「真令人失望!」但不久就跟隔壁同學討論起要在禮堂玩什麼。而傑米一聽到消息,就問為什麼不能去。他邊拿起要帶去公園的水桶,邊抱怨助理老師沒來也可以去啊,不懂為什麼就不能去了。即使跟他說會去禮堂玩,但他還是固執地說外面又沒下雨,為什麼不能去。當所有孩子走去禮堂途中,傑米卻癱坐在教室門口開始大哭,不斷重複說著自己必須去公園。

這裡,你應該看出來誰是溫順氣質的孩子吧?沒錯,是珍娜。**溫順氣質**的孩子面對任何狀況,大多時候都能輕鬆度過。他們能正向接受新的人物或環境,甚至還能享受變化。擁有這種氣質的孩子大部分都很正向,即便遇到挫折也能輕鬆面對、重新振作。他們不會被情緒牽著走且較懂得調節情緒,所以哭的時間也不長。也因此,溫順氣質的珍娜才能在面對劇變時輕易度過。

相反的,傑米屬**挑剔氣質**。這類型的孩子難以適應環境變化或延遲欲望。如果自己的想法或事情沒按照預期的進行,就必須

花長時間接受該狀況，情緒上也較爲不安，進而產生負面的情感與行爲。

至於**緩慢氣質**，可看作是介於溫順與挑剔之間的氣質。這種氣質型的孩子雖然活動量不大，但變化倏忽，他們會慢慢適應新刺激，並呈現些許的負面反應。緩慢氣質的孩子跟挑剔氣質的孩子類似，在適應新狀況時會花上較長的時間，並且對陌生的東西警戒心較強，但是不會像傑米那樣出現攻擊性，反應上較爲柔順。例如，面對新對象時，他們可能展現逃避反應，而且不像挑剔氣質的孩子那樣活動量大，面對環境刺激時不會反應激動，反而有畏頭畏尾的傾向。雖然不太享受新的變化，但會慢慢表現關注並參與。

重要的是，在這三種氣質中，溫順氣質的孩子呈現出較高的韌性。這是因爲擁有溫順氣質的孩子適應新事物的能力較強，且情緒基本上是處於幸福狀態的緣故。

外向的孩子

據說在同樣的環境中，外向的人會比內向的人幸福。這是因爲他們不管在何種環境，都能對他人投注關心、更積極地互動。他們不害怕新事物，而是先對其感到悸動，也因此能快速適應新環境。

新學期第一天，從 2 歲班升上 3 歲班的孩子已經有一些熟悉

的同學了。但是從其他 2 歲班升上來，或是初次來到學校的孩子，卻是第一次在新教室見到新老師。不管是舊同學還是新同學，都是第一次在全新環境與多數陌生人共度時光，教室裡的景象也與去年不太一樣。

艾琳一進教室看到新玩具，不禁睜大雙眼。她走向娃娃屋，幫娃娃布置家具，玩家家酒玩得不亦樂乎。不久後，她環顧四周，發現貼滿貼紙的桌上有她喜歡的動物貼紙後，就興奮地移動位子坐下。她看到旁邊的新朋友時，主動問對方：「哈囉，我是艾琳。3 歲。妳叫什麼名字？」

坐在艾琳身邊的孩子叫安潔莉娜。安潔莉娜沒有回答艾琳，也不看她。艾琳繼續跟她搭話，結果她就離開位子坐到沒人坐的桌子去。那個桌上放有拼圖，但安潔莉娜也沒拿來玩，一直抓著自己的衣袖又放開，不停地摸著自己的手。

不知不覺間上午的休息時間結束，是時候聚到教室中間的地毯前了。安潔莉娜沒有跟大家坐在一起，而是繼續坐在桌子旁。老師打算把安潔莉娜帶過來，她卻直盯著地板，一動也不動，最後是由一位助理老師坐到她身邊，幫助她將注意力集中到團體上。

外向的艾琳對新環境充滿好奇心，她在教室裡四處探索，且毫不猶豫地靠近新朋友主動打招呼，並與他們積極交流。相反的，內向的安潔莉娜在新環境中就像石化般，只停駐同一個地方，害怕新環境也不主動靠近新朋友。

兩個孩子回家後會怎麼跟父母談論教室裡發生的事呢？雖然狀況類似，但對艾琳來說是開心的一天，對安潔莉娜來說卻是辛苦的一天，對吧?!同上述，外向個性的孩子會對世界充滿好奇心，他們會積極探索新事物，不僅不害怕，甚至還很享受變化。他們積極與人互動，因此可輕鬆建立人際關係。所以，他們在新環境中感受到的恐懼較小，即使遇到其他壓力或難關，也能藉由人際關係獲得力量，適時發揮韌性。外向的性格正是韌性、耐挫力的重要資質之一。

樂觀積極的孩子

　　如果沒有按照計畫進行，或是結果與自己的意志相悖，孩子通常會感到挫折。但孩子若能以截然不同的方式應對，並且找出具創意的解決方法，就代表他的正面傾向偏高，是樂觀積極的孩子。比起狀況本身，應對該狀況的情緒與態度才是影響耐挫力的關鍵。

　　某次情人節將至，教室老師為孩子們布置製作卡片的課程。孩子們開心地用蠟筆為愛心塗上顏色。馬克塗到一半，蠟筆啪地斷掉了。他氣呼呼地拿起另一支蠟筆重新上色，下一秒又斷了。他大喊「可惡，蠟筆是笨蛋！」後，就把蠟筆一丟，邊說「我再也不塗了！」邊把塗到一半的卡片整個撕掉。

　　另一天，在寫字母的時間，維克多拿著蠟筆大寫 B 寫到一

半，筆突然斷了。他看著斷掉的筆說：「哇～我力氣真大！」再拿起別支蠟筆繼續寫，筆又斷了。他說：「啊，又斷了。既然斷掉的蠟筆這麼多，都拿去融掉做成恐龍蠟筆一定很酷。老師，這個能不能做成恐龍蠟筆啊？」

對還不懂控制力道的孩子來說，用蠟筆著色到一半斷掉很平常。有些孩子會像馬克一樣，一邊生氣一邊把蠟筆丟到一旁；也有像維克多一樣，正向看待這個狀況。維克多還記得上次回收斷掉的蠟筆放進恐龍模具再造利用的活動，並針對蠟筆持續斷掉的問題展現出解決問題的樣貌。

像維克多這種先天較為正向的孩子，會潛藏更多的韌性。若抱有正面情緒，就能用不同角度觀察狀況，即使在艱困的情況下，也能找出正向的因素，因而能較輕鬆地克服。人不會只遇到輕鬆、幸福的事情。每個人勢必都會遇到逆境或挫折，而擁有樂觀態度的孩子在面對難關時，將可以更具創意，而且更正向地去解決問題。

幽默感傑出的孩子

幽默感是韌性的另一項資質，它與正向性格息息相關。縱使心靈上遭遇困境，也能以讓人開懷大笑的想法或行動緩解緊張。

丹尼爾的父母很忙碌，都是住在附近的奶奶負責照顧他，每天早上叫他起床並帶他上學。某天，丹尼爾上學時頂著一頭亂

髮，好幾撮往上翹，甚至還打結。有個同學笑他說：「你頭髮太好笑了吧，沒洗澡嗎？」丹尼爾馬上回說：「我很像超級英雄吧？我頭上尖尖的地方就是在散發力量。源源不絕！」接著擺出超級英雄的姿勢，在教室裡來回穿梭。其他同學多虧了丹尼爾的幽默，避免了尷尬而一笑置之。

點心時間，莎莉拿出巧克力布丁，在用力拉開蓋子時，不小心讓布丁掉出來，全撒到桌上了。莎莉傷心的大哭，坐在旁邊的丹尼爾卻說：「哇哈哈，真像大便耶。這個是小鳥大便，這個是松鼠大便。」接著看到更大坨的布丁殘骸時，他對著莎莉問：「妳覺得這是什麼動物的大便啊？有點大耶，是猴子的大便嗎？」莎莉聽了就停止哭泣，笑著說：「那不是猴子大便啦。是狗狗大便。」周圍的同學紛紛加入，七嘴八舌地舉出各種動物的大便，笑聲不斷。

丹尼爾不只自己被同學嘲笑時能幽默接招，適當應對讓人不舒服的情形，還能在其他人陷入窘境時找到笑點，逗得朋友們一起笑。幽默可以緩解因苦難或逆境而產生的壓力，北卡羅來納州立大學的芭芭拉‧弗雷德里克森教授稱之為「壓力橡皮擦」。有不少研究都指出，隨時不忘幽默的人更能順利脫離困境。

到目前為止跟各位介紹的溫順氣質、外向性格、樂觀積極與幽默感等，都屬於天生的氣質。在左右韌性、耐挫力的 5C 中，還有其他 4C 可透過後天的環境與經驗培養，因此不需要因為缺

乏天生氣質這項韌性資質而感到惋惜。勤能補拙，也適用韌性的培養，藉由仔細觀察和反覆的練習絕對可以後天培養出高耐挫力的孩子。

自尊心：
如何認識自我

　　自尊心是指「如何認識自我」，也可說是認知自我存在價值，並喜愛自己的標準。因此，自尊心會從正向認識自己、愛自己開始。自尊心高的人擁有正向的自我意象，所以會認定他人喜愛自己，在建立關係上較樂觀而不畏懼。此外，面對任何狀況，也具有只要努力就能克服的自信。

　　奧爾嘉從俄羅斯移民美國，並進入幼稚園。雖然英語說得不好，在班上有些格格不入，卻總是笑嘻嘻。她可以用英文進行簡單的溝通，但有時會無法理解老師的話，而做出與其他孩子不同的行動。這時候，老師若能向她說明，奧爾嘉會露出明亮的笑容說：「OK，我誤會了。」毫不介意地加入其他同學。

　　奧爾嘉雖然英語不熟練，但在老師要同學念書並提出問題時，仍搶先舉手。她的文法不完美，但在回答時會配合俄語及身體語言表達自己的想法。她比其他孩子更認真地學習字母，對新事物抱持高度興趣，不懂的事會大聲說出來。她不認為這有損她

的自尊心，反而抱著自信：「我只要努力就可以做到。」

另一方面，艾希莉很在意別人對她的感覺，想知道世界的一切，她會在教室亂晃、干涉別人，如果有兩三位同學聚在一起聊天，一定會上前確認：「你們在講我嗎？」如果孩子們聚在一起呵呵笑，她也會說：「幹嘛笑？是在笑我嗎？」然後皺起眉頭。

有一天，老師跟四位孩子共桌進行單字接龍活動，由老師翻開字母卡，然後同學要依順序說出該字母字首的單字，輪到艾希莉時，她卻什麼話都不說。老師告訴她說錯了也沒關係，艾希莉卻說她太累了沒辦法說，接著就趴在桌上。

這兩個孩子很不一樣吧！奧爾嘉對學習新事物充滿熱情，不害怕犯錯或無知，能自由地表達自己的想法。相反的，艾希莉不喜歡被他人發現自己不懂，總是找藉口，因為害怕他人怎麼想自己，所以不會貿然回覆或做出有風險的行動。

在學校見過各種性情的孩子後，我認為自尊心高的孩子遇到困難時表現堅強，也不會輕易動搖。這樣的孩子在課業搞砸或事情不如意時不會頹喪，而是輕鬆發洩後帶過，之所以如此是因為他們曾體驗到成就感。

自尊心不是父母灌輸經驗後，在短時間內努力培養即可取得。必須從自我價值被認可、感受到自己是珍貴的存在，以此為出發點並且體驗過成就感的基礎下，認為自己是有能力的，才能提升所謂的自尊心。孩子透過成就感的經驗，提升自信、自

我效能、正向心態、愛自己，就會在心裡確信「只要努力就能做到」，即使感覺有風險，也會嘗試挑戰，失敗了也能發揮重振努力的毅力。

有自尊跟自信的孩子並非傲慢，而是了解自己的優勢與弱點，並活用該優點，以解決問題。例如，大衛天生長短腿，也比同齡孩子矮小。當同學說要玩紅綠燈遊戲，大衛就會提議玩捉迷藏：「我也想跟你們一起玩，但是跑不快，所以不如玩捉迷藏怎麼樣？我很矮所以很會躲。應該很難被找到喔！」

大衛很了解自己擅長跟不擅長的事，並分享給朋友。了解自己的優勢，意味著懂得愛自己的方法，同時也代表自尊心高。當事情不順心時，就能思考自己的優勢並解決問題。

相反的，自尊心低的孩子遇到困難或難以滿足的結果時，容易將責任轉嫁到他人或環境上。艾希莉就屬此類。由於自我確信不足，總覺得自己做不到，也時常推遲該做的事情。這類孩子在意輸贏、擅長或不擅長，將事情二分法，比起過程更重視結果，也會用他人的想法來評斷自己，因此導致極度在意他人視線，且容易在嘗試之前就先放棄。

外求以建立自尊心，會在日常的各個層面造成影響。當別人說自己做得好時自尊心上升，一聽到批評就下滑，這不是真正的自尊心，而且只會讓你無法成為自己生命的主人。儘管自尊心的確會因他人的反應而提高，但真正的自尊心是在各種經驗中察覺自我價值，並透過相信、喜愛自己而形成。當犯錯了、受挫了，

還能克服並且重新振作的力量，才是真正的自尊心。你必須有這種自尊心作為生命的基礎，才能對情緒誠實，才能表達並與他人建立健全的關係。

　　除了精神、肉體的健康外，自尊心也會給孩子的幸福、成功、滿足、彈性、創意等帶來重大影響，而培養這種自尊心的具體方法，將在〈第4章〉詳細介紹。

人際關係：
一起克服日常難關的力量

　　天生不具韌性資質，自尊心也不高，仍可以在人際關係良好的基礎下，成長為輕鬆克服難關的人。人自出生開始，就會在生活中與他人建立關係，先是父母、家人，再到親戚、鄰居、朋友、老師等，孩子的世界會隨著成長不斷拓展至各個層面。

　　體驗過可預測且有一致性交流經驗的孩子，會比較有安全感，也會對他人累積信賴。此外，在人際關係中感受到親切、共鳴、關懷等正向經驗的孩子，可以更深更緊密的人我連結為基礎培養出韌性。幸福心理學的創始者艾德・迪安納教授曾經提到，「親密的人際關係與社會技巧、社會支持等，會對韌性形成重要的影響」。

悲傷會透過分享而化解

　　遊樂園裡，幾個孩子喊著「一二三、木頭人」，奔跑玩耍

著。艾美因為跑太快而跌個四腳朝天，然後大哭了起來。當鬼的卡羅琳就說：「你是小孩嗎？跌倒就哭？」催促著艾美。這時瑪德琳大喊：「妳怎麼可以對朋友這樣說？跟艾美道歉」，一邊跑去艾美身邊問她有沒有受傷，並扶她起來。

瑪德琳跟朋友相處和樂，是個善良的孩子。她總是親切和善，常常幫助朋友，也懂得禮讓。因此當艾美遭遇困境時，也能感同身受，站在她這邊。這樣的瑪德琳，朋友會喜歡她是理所當然的。

某天，瑪德琳因為弄丟從家裡帶來的米妮鑰匙圈而難過不已。艾美走到傷心的瑪德琳身邊，說自己會幫忙找後，便在周圍四處繞。其他同學也聚集到瑪德琳身旁，開始幫忙找。人際關係好的瑪德琳一陷入窘境，大家都不分你我，紛紛跑來幫她。瑪德琳透過這些朋友得到慰藉，很快就擺脫了悲傷的心情。

從這則故事來看，瑪德琳從悲傷振作的韌性資質是人際關係，也就是感同身受的能力。她意識到跌倒的艾美的心情，當卡羅琳說出「小孩」時，她也感受到艾美可能會傷心，因此才前去安慰她。瑪德琳經常禮讓朋友，也同樣是出自共鳴能力。

雖然每個人都知道人際關係很重要，但在只注重學習的教育與養育環境中，不管是在學校還是家裡，都沒有在這塊著墨太多。當然，許多人也認為，這部分只要活著就會逐漸了解，不用教也能自行領悟。但是，孩子的人際關係會深受養育環境的影響，日常就接觸到互相愛護、尊重的態度，他在家庭以外即可自

行建立好的人際關係。

　　過去數十年，人們普遍認爲提高孩子的 IQ，是保障他成功人生的唯一道路。再加上，近 10 年也開始重視 EQ，與此相關的書籍與演說源源不絕。不過，你可聽過 NQ 呢？Networking Quotient，即人脈商數，意指建立人際關係的能力。我在哈佛就讀時，學校很重視人脈商數，所以有很多學校或學生主導的聚會。只要一到週末，學生就會忙著參加各種人際活動，可說是學業之外一定要顧及的重要日常。我也在這類聚會中遇過臉書的創辦人馬克・祖克柏與他太太普莉希拉・陳。

　　建構並持續人脈的能力，會成爲在變化莫測的未來中存活下去的重要資產。人類是社會性動物無法獨自生存，必須在健康、安全與正當的關係中互相依靠鼓勵，才能好好活下去。

　　哈佛大學的精神病學家瓦丁格博士團隊持續超過 80 年針對幸福生活進行研究，得出幸福感有 85% 來自圓滿的人際關係。你跟周圍人的關係越緊密，就越能在遇到困難時獲得安慰與依靠，也因此能輕鬆克服。人活在世上難免遇到無法掌握的狀況。這時候，光是把自己遇到的困難告知親近的人，就可以減輕壓力。此外，也能透過他人對事件的不同看法察覺出問題點。因此，健全的人際關係也是重要的韌性資質之一。我教導過無數的孩子，十分確定這個論點。像瑪德琳這樣韌性強的孩子，普遍都跟朋友或家人的關係緊密，而且人際關係中必備的社會技巧也十分良好。

　　爲了提高人際關係能力，孩子在與他們的第一個他人——

父母之間的關係中必須有好的出發點。以信賴爲基礎，並與父母
有健康、緊密連結的孩子，離開家庭進入更大的社會後，也能與
遇到的人形成良好的關係。如何在最一開始建立跟父母之間的關
係、延續邁進，將在〈第7章〉進行探討。

溝通能力：
跨越危機的對話技巧

如果孩子能用話語表達想法或情感、透過對話認眞溝通，並在需要幫助時毫不遲疑地尋求協助，那他不管遇到任何難關或逆境都能輕鬆度過。然而，並非擅長說話的孩子就一定懂得用言語表達情感、與他人溝通良好。

我在韓國學校教書時，曾教導 7 歲的珍兒，她是個一開口就講不停的話匣子。從進教室開始就忙著跟同學說昨天做了哪些事。藝書聽了之後感到好奇而提出問題，珍兒卻不回答她，而是繼續自顧自地說著。之後藝書便丟下只顧說自己事的珍兒，去找其他同學了。

那一天特殊活動時間，在操場放風箏時，第一次放風箏的藝書因爲自己的風箏飛不起來而向珍兒傾訴傷心。珍兒說：「我的風箏眞的很會飛耶。我做得很棒吧？」並看著藝書笑。

初次見到珍兒的人，大多會覺得她的語言能力十分優秀。她會詳細描述過去的事情，字彙能力也比同齡孩子強。不過雖然很

善於表達自己的想法，卻不善於傾聽朋友說話，而且她也不懂得設身處地為人著想，無法產生共鳴，使得對話難以延續。

真正善於溝通的人，除了懂得表達自己的想法或情感外，也會傾聽他人意見並感同身受。這樣才能建立良好的人際關係，並在該關係中培養韌性。除了溝通的語言之外，在遇到困難時懂得用話語求助的能力同樣是韌性的資質。

求助也是一種能力

5歲的雪麗（Shirley）想寫自己的名字，但還沒辦法正確拼出來，她向老師求助。老師展示寫「S」的方法，並讓她照著做，最後雪麗終於能正確寫出「S」。之後雪麗一有問題就會請老師幫忙，在家裡也一樣，媽媽擔心她老是依靠別人，會沒辦法學會自己寫字。

馬可（Mark）也想寫自己的名字，但他總是把「M」跟「N」弄錯。坐在旁邊的同學說他寫錯了，他就生氣地把鉛筆丟掉。老師跟他說丟鉛筆是不對的行為，請撿起來後繼續寫，他聽話照做了，但一發現又寫錯了之後就說：「不寫了，不寫了。我才不要寫我的名字。為什麼我的名字這麼難寫啊？」接著把寫字簿推到一旁。

對於這兩個孩子，你有什麼看法？雪麗是否在接受老師或媽媽的幫助後只想依靠他人？雪麗記得自己曾接受老師的幫助，並

正確寫出「S」，因此產生了要再次寫正確的動機。她記得之前接受幫助而成功的記憶，所以為了把字寫好會向人求助。雪麗的情況是因為身體動作發展不成熟，還不具備把字寫好的能力，所以才會請求別人的幫忙。像這樣求助他人，當遇到無法自行解決的事情時，在獲得協助下，能更輕鬆地解決問題。不過，像雪麗這樣不斷請求幫忙的孩子，要以鷹架理論（由熟練者定出標準，要給初學者到何種程度的協助）調整教學方式，讓他們在自行完成的過程中找到成就感。

相反的，馬可試圖自行解決問題，卻不順遂，導致大生悶氣，最後放棄。有些父母可能會在孩子喊累時擔憂他太脆弱了，或是在孩子嘟嚷或哭泣時憂心忡忡。尤其是會用盡全力表達情緒的孩子，更讓父母的育兒過程備感艱辛。年幼的孩子語言溝通與調節能力發展不足，自然會以哭泣或肢體動作表達情緒，在照顧上比較辛苦，但這也代表他們正健康地成長著，而父母也會因此而意識到孩子需要幫助。

真正應該擔心的，是完全不表達情感的孩子，這類孩子容易在後期產生問題。由於他們不喜形於色，把一切都往心裡壓抑、隱藏，父母未察覺下很容易就忽略他們的情緒，導致日後發生問題。像馬可這樣獨自解決問題，最後放棄的孩子，最好能先稱讚他主動努力的作法，然後告知也可以尋求他人的幫助、求助是好事等。

溝通的英文Communication源自拉丁語communis。這個字有共有、共通的意思。意思是，溝通其實就是從分享彼此意見開始的。而分享意見，就代表共享彼此的情感或想法。我們透過這種共享，進而發揮在更高層次的溝通——共鳴能力，珍兒缺乏的，正是這種名為共鳴的社會技巧。

　　「通」本身有「貫穿堵塞的東西」之意。若溝通不順，就會因誤會而產生問題，在遇到困境時，就難以貫穿該阻塞物並向前邁進。當遇到自己無法解決的事情時，必須將自己的困難說給別人知道。求助也是一種溝通能力，更是韌性的優良資質。

應對能力：
對付難關的方式

　　韌性強的孩子最後一個共同資質是應對能力。應對能力是指在遭遇難關與變化時對應的作法。然而「如何看待問題並應對」，每個人不盡相同。

　　我接觸過許多孩子，根據孩子的氣質或狀況不同，他們各有屬於自己的方法。有些孩子會在朋友嘲笑他時，選擇無視；有些孩子會在被朋友說「你那麼矮，好像小孩子」時回覆：「所以我很可愛吧？」以正向的態度迎擊。如果同學的玩笑開得太過分，他們也會向老師求助。曾經有個孩子，在下雨天因為不能去遊樂場盪鞦韆而難過，後來他乾脆穿上雨靴跑出去，跑跑跳跳地踩著水坑，將悲傷轉化為快樂。

　　前面介紹的丹尼爾，會用幽默化解尷尬，但他也不是每次都能做到。某一天，他打算用積木建造一個大城堡，並且很努力地堆疊樓塔，有個同學說要幫忙，結果不小心把塔推倒了。丹尼爾什麼也沒說地繼續重堆塔樓，不久後又有一個在玩汽車的朋友意

外推倒了塔。這一次丹尼爾傷心地跑走了，在角落裡抱著他喜歡的貓布偶安靜看書。雖然丹尼爾性格樂觀能用幽默化解危機，但是當事情發展超過他的容忍範圍時，他也無法保持開朗，而是尋求其他方法。

丹尼爾所在的地方叫作「冷靜角落」，是為了讓孩子在情緒或身體上需要緩和、休息時，隨時可以利用而設計的空間，裡頭放有幫助穩定情緒的大號懶骨頭、棉被，或是刺激感官的道具。每個學校都會在學期初就跟孩子介紹這個空間，讓他們在需要時自由使用。各位也可以在家裡設置這樣的空間，詳細可以參考195頁說明。

沒有一種解決方案能適用所有的孩子。隨著孩子的性格或狀態不同，應對的方式也不一樣。因此，若能培養他們在各種狀況中以自己的方式應對的能力，就能徹底發揮耐挫力。

在困境前調節情緒與行為

應對能力中最重要的就是調節能力。如果說應對能力跟看待並應付危機、困境的方式有關，那調節能力就是與穩定因該難關受刺激的情感與行動的方法有關了。

說到調節情緒，你可能會覺得只要迴避或壓抑憤怒、悲傷等強烈的情感就好，但這其實是不健康的方式。這裡提到的調節能力，指的是能將情感按照時機、場所、狀況等進行調整的能力。

這可讓你不被情緒左右，並找回平常心與自主控制衝動行為。

　　約瑟夫是個性格散漫又衝動的孩子。他會跑來跑去地找新玩具，常常半途而廢，開始一項活動後都無法做到最後，就又開始做其他事，一看到感興趣的事物就立刻伸出手。他的身體會在思考之前就先動作，於是我們為他安排了情緒與行為調節課程，在教室和家裡同步進行。

　　某天，老師唸童話書的時間，孩子們聚在一起聽故事。約瑟夫只坐了 3 分鐘，就問旁邊的助理老師：「可以給我指尖玩具（紓壓玩具）嗎？」老師遞給他之後，約瑟夫一邊把玩著，一邊又乖乖地聽了 2 分鐘故事。本來 1 分鐘都坐不住，多虧了這個玩具，才讓他想動的欲望撐過了 5 分鐘。

　　美國學校有所謂的「冰淇淋社交」，活動宗旨是讓新入校的孩子跟父母可以吃著冰淇淋增進感情。口味有巧克力、香草、草莓，其中巧克力最受孩子歡迎。艾薩克排了好長的隊伍，當看到巧克力桶空空如也時，不禁坐在地上大哭：「我想吃巧克力冰淇淋！」就算媽媽說要給他草莓或香草口味，他還是固執地說要巧克力的，並踩腳尖叫。艾薩克尚未做過延遲欲望的練習，未曾有系統地調整強烈的情緒、欲望或行動。自我調節能力，是從省視、理解自己開始的。這之後約瑟夫也透過嘗試各種幫助自己調節情緒或行為的道具，並且發現到適合自己的工具後加以應用。

　　生活中總會有意外的困境找上門，或是突然落入不樂見的窘境，這時自然會產生相應的情緒。有時這種情感會一下子就

消失，有時卻可能在強度高時左右你的情緒，思想跟行動被拖著走，因而產生負面或過激的行為，而且無法理性看待自己身處的狀況，或讓情況更加惡化。

新聞不時會報導一些因為無法控制怒火而導致嚴重事件的情形，而我們周圍也偶爾會見到某些無法控制自我情感，而衝動傷人傷己的人。自我調節能力必須透過持續訓練來培養，若在幼年時沒能進行認識自我情感，並以健康的方式化解的練習，成年後就有可能產生問題。

在無法預料的未來，孩子必須經歷各種挑戰而成長，所以必須學會如何掌控自己的情緒、想法或行為，並且不懈地磨練應對艱困狀況的方法。這樣才能調節衝動，並與他人有正向的互動，建立圓滿的關係。韌性、耐挫力將透過這種調節能力與人際關係的強化，成為孩子一生中最寶貴的禮物。培養自我調節能力的方法將在〈第6章〉具體介紹。

到目前為止，我們探討了韌性強、耐挫力高的共同特徵。而最重要的在於「該如何才能讓培養孩子天生氣質之外的四種韌性資質」。接下來的〈PART 2〉，我將詳細介紹培養孩子韌性的方法。方法雖簡單，卻可發揮強大效果，而且除了孩子以外，也可以幫助大人提升韌性。人們都說孩子是父母的一面鏡子，若想將孩子培養得能屈能伸又溫柔堅強，那麼父母就必須先展現相應的面貌才是。

PART 2

唤醒孩子潜在耐挫力的方法

如同〈PART1〉探討的，有些人天生氣質比較容易克服困難與挫折。不過請別灰心，不論是誰都有潛在的耐挫力。人有克服困難的本能，像是在大哭一場後讓情緒稍微冷靜下來，或是盡情尖叫後稍微釋放壓力等，都是本能之一。

同樣的，孩子也有各種韌性資質潛藏在許多的面貌下，而幼兒的發展性又比成人來得高，因此隨著與人交流和環境的擴展，這些能力會逐一顯露出來，並在運用後促進成長。

透過努力可培養耐挫力的方法大致有三種。第一個是感謝(Appreciate)，第二個是相信自己(Believe yourself)，第三個則是調節(Control)。這三個方法各取英文單字的首字母，簡稱為「ABC療法」，方便牢記以在日常生活中輕鬆培養耐挫力。

培養耐挫力的ABC療法	
感謝	Appreciate
相信自己	Believe yourself
調節	Control

感謝

感謝蘊藏巨大的力量。感謝可說是引領我們幸福生活的關鍵，它連結著正向態度，而樂觀積極正是韌性的基本資質。

「感謝不是很自然的事嗎，哪裡需要培養？」

你可能有類似的疑問。當然,感受並表達感謝,每個人都不盡相同,而感謝也不是任何人強求或灌注就會感受到的情緒,但是它卻可以透過努力找到,更可藉由練習培養。

相信自己

孩子之所以感到不安、不想挑戰,又輕易放棄,而無法克服困難,是因為對自己沒信心。因為不認同自己而無法愛自己,人際關係方面也因而造成不良影響。

孩子會透過周圍的人與環境而建立自我價值。因此,父母為孩子創造的環境、對待孩子的方式,都會對其存在感的建構形成極大的影響。

調節

調整自我身體與情緒,並延遲欲望的自我調節能力,是幫助你在苦難與挫折中振作的很重要的韌性資質,而且是孩子在未來的生活中建立各種人際關係必備的能力。

孩子可能會在與朋友的關係中遭遇困難,也會在學業或運動中面臨與自己競爭。進入社會後,同樣會遇到無法預料的逆境。隨著成長,他們遇到的難題形式與強度都會不同,需要的耐挫力也會根據所經歷的關係或環境而有程度上的差異。

假如從小就常體驗並熟悉遇到困境就能拿來使用的工具,那

麼耐挫力將隨之增強，生活也會更快樂。身為父母，你想讓孩子靠著自身的秉性過一生，還是期待以此為基礎擴大深化韌性的強度，全看你怎麼做。相信我，對孩子來說，你在這部分的影響力十分強大。請跟著我一起探討如何將「ABC療法」扎根於孩子的生活吧！

第4章

培養不輕易放棄的毅力

當你心存感謝時，情緒會安定並釋放幸福荷爾蒙 —— 催產素，同時會活化免疫系統來緩解壓力或憤怒等負面情感。這種正向態度是韌性的重要資質。

因此，如果希望孩子成長為幸福的大人，最好從小就為他創造環境，促使他在日常生活練習尋找、感受感謝之情。父母也要跟孩子一起持續練習尋找感謝的要素，讓感謝成為習慣，這樣的話即使突然遇上大大小小的試煉，也比較容易找到正向的處置方法，讓精神、肉體都更健康快樂。

那麼，該如何開始跟孩子一起感受感謝這件事呢？孩子在 18 個月後就會意識到自己正受到照顧。2 歲後則會在收到自己想要的玩具或禮物、朋友分享的餅乾等，獲得喜歡的事物時感受到感謝，進而說出「謝謝」。孩子看到具體物品時會感受到感謝，因此更容易感動，進而以言語或行動來表達。

過了 3 歲後，開始會對物質之外的他人行為、親切感或善行等，眼睛看不到的東西認知到感謝，並表達感謝。例如在遊樂場，別人禮讓他先玩盪鞦韆等。

但是，沒有從別人那裡得到禮物或接受善行下，要孩子從日常生活中找出感謝之事，他可能會瞪大雙眼，一時間不知道該怎麼辦。事實上大人也一樣。為什麼呢？這是因為日常的一切對我們來說太過理所當然，以至於忽略了。假使父母不習慣在生活中找到感謝並表達，那麼孩子自然也不會在日常中培養出表達感謝的經驗。

要在每天繁忙的生活中尋找值得感謝的事不容易，而這也是等同於自我觀察的高層次行為。因此，如果你希望教導孩子感謝，自己就必須先成為模範才行。

練習用話語跟行動表達感謝

思考或情感都藏在我們的心裡,想把自己的想法或情緒感受表達出來,是需要經過練習的,並非自然而然就能辦到。

父母是孩子的鏡子,他們會吸收並學習父母說的話、肢體動作。除了父母,孩子也會看著相處時間最長的主要照顧者的一言一行,從中模仿學習,譬如奶奶養大的孩子,就很常模仿奶奶的說話語氣。因此主要照顧者必須先懂得表達,讓感謝看得見,並且孩子能有所感受才行。

方法很簡單。首先在日常生活中與孩子對話時表達感謝即可。最好在感謝時也一併講述理由。例如:

「今天天氣這麼好,真是令人感謝啊。為了讓我們一家人快樂出遊,太陽公公都出來了呢。多虧它趕走了北風,我們才能在遊樂園裡溫暖地遊玩,謝謝太陽公公!」

或是,早晨孩子換衣服準備上學時,看著衣櫃裡的衣服說:「能有這麼多穿去學校的漂亮衣服,真令人感謝啊,對吧?」父母必須先展現出對於自己所擁有的事物的感謝之意。

此外，也要讓孩子認知到，別人為我們做的事或實現的事情。比如在寫字時說：「多虧發明鉛筆和擦子的人，我們才能這麼輕鬆地練習寫字，真是感謝啊」「警察叔叔（或每天見到的警衛叔叔）維護我們的安全，真是感謝啊」。

請試著在生活中找出這類微小的感謝，創造表達感謝的環境，孩子自然會從中學會珍惜自己所享有的東西，並健康、幸福地成長。

應用感謝箱

在忙碌生活中思考感謝並天天執行絕非易事。因此，我建議最好定出時間，一週一次或在特定時間舉行表達感謝活動，可以讓孩子寫感謝便條或感謝日記的形式，若是孩子不太會寫字，也可以塑造一個值得感謝的人或事，例如感謝一起繪畫的時間。同時，也可以適當地利用相機拍照記錄，畢竟看著照片更容易回想起過去的經驗、想起感謝的瞬間。

此外，建議各位製作感謝箱。你可以找個大箱子並跟孩子一起彩繪裝飾，接著把孩子畫的感謝畫或盛裝感謝瞬間的照片放進箱子裡。由孩子動手製作的話，孩子投入的情感會更多。之後一個星期一次，把箱子裡的繪畫跟照片拿出來，全家人一起舉辦感謝派對。

派對上拿出繪畫的時刻請別忘了稱讚，例如「這週感謝的人

有這麼多啊，要感謝的事也很多耶」等。孩子可以邊吃喜歡的餅乾、炸雞或飲料，邊做這項活動；或是一邊放音樂，一邊跳舞也行。只要是家人喜歡的、享受的事情都可以。

在舉辦感謝派對時，如果成員有還不會畫畫的弟弟妹妹，可以讓他們在說出彼此感謝的事物後互相擁抱，透過行動參與。還可以將一起拍手、親親或是擊掌等方式訂為家人專屬的感謝儀式。隨著孩子的年齡增長，再漸漸擴展到說出感謝，或是用寫作的方式表達。

我們家將每週的星期四定為感謝日，選在星期四，是因為用英語說 Thankful Thursday（感謝的星期四）比較好記。每到星期四，我們一家人會一起分享這週獲得體諒或感謝的事情。家人也會互相寫感謝信，以實際的行動來表達感謝。

上星期的星期四，7 歲的老么為我做了幾張按摩兌換券，我總共收到 3 分鐘、5 分鐘、7 分鐘共三張按摩券。11 歲的老大則代替忙碌的爸爸、媽媽幫妹妹做午飯。老公做了我最喜歡的水果調酒。我則是把家裡打掃得乾乾淨淨，並且把回收物都收集起來。我們家除了感謝箱之外，還有一個創意箱，專門收納可以再利用的回收物，讓孩子在創作活動時間拿來使用。像這樣，找出為家人著想、體諒的行動並實踐，家人之間的感情會越來越深厚。

近來人們也會將對自己的感謝之意寫在筆記上。感謝通常是對他人產生的情感，換成是感謝自己時，一開始可能會有點尷尬，但持續做下去，不知不覺會越來越喜愛自己，自信心跟自尊

心也會提升。自尊心提高時，韌性也就越加堅固。

在童話書裡找感謝

親子共讀好處多多。孩子除了閱讀理解力之外，分析能力、思考能力、想像力等也會跟著提升。這些能力可以幫助他適應脫離熟悉的人或場所，勇於體驗前所未有的新事物，以及感受從其他角度觀察的間接體驗。除此之外，也有助於與父母之間依戀關係的形成。彼此依偎坐著，聽著父母讀書的聲音，會成為孩子難以忘懷的珍貴回憶。

讀書也可幫助喚醒感謝的心意。市面上有很多與感謝有關的童話書，可試著跟孩子一起看這些書，幫助他們提高對他人感同身受的能力，並拓展對感謝的思索。

在選擇有關感謝的書籍時，必須考慮孩子的年紀。1～2歲的孩童最好以圖畫簡單表達生活的童話開始，以內容講述他人送禮物給自己等，眼睛看得到的物質感謝為佳。

若孩子開始上托兒所，最好找內容關於他人對自己表達善意或關懷而感受到感謝的書籍。若是能拓展到自己施予的善行讓他人感受到感謝的繪本，就更有助於孩子理解他人的觀點了。

上幼稚園的小孩則適合描述在自己所屬的群體中，從事利他行為的人物故事繪本，或是介紹在其他文化圈中該如何表達感謝的書。

此外，在共讀之後能跟孩子聊聊天或做相關活動，引導孩子理解、感受，更能把感謝扎根得更深，進而成長得更為茂盛。孩子會記得與父母一起閱讀時的觸覺、味覺、聽覺等瞬間。這些瞬間若專注在感謝上，感謝的心將深入孩子心裡的每個角落。

分享真摯的對話

有些父母會在教導感謝時強迫孩子說出口。他們會說：「趕快說謝謝」「不懂得感謝就是壞人」「不謝謝就不給你喔！」等近似脅迫的話，強迫孩子表達感謝。事實上，教導的過程若伴隨強求，反而會收到反效果，孩子不是真心感謝，只是因為不想挨父母罵，或想得到稱讚才表示感謝。如此一來，就無法養成未來生活中必備的良好的品格習慣。

若希望孩子切實體會感謝的意義，以及更能感受、表達感謝的話，就要讓他持續與父母有真誠的對話。首先，你可以問他以下問題，讓孩子從生活中認知到感謝的要素。

- **What**：什麼事情令你感謝？
- **How**：為什麼會給你這些東西？
- **Why**：為什麼覺得感謝？
- **What if**：如果是不同情況會怎麼樣？
  （改變視角思考）

好比說，你可以問孩子：「你覺得有什麼值得感謝的事？」「我們在你擁有的東西裡找到一件值得感謝的事物吧？」「你有想要感謝的人嗎？」之類的問題，並且跟他分享感謝什麼（What）的對話。之後可以繼續詢問，讓他思考這些東西如何（How）來到自己的身邊。例如，「奶奶為什麼會給你這個東西？你覺得這是她必須給你的嗎？還是因為她想給你才給的？」

接著聊聊為什麼（Why）會覺得感謝。譬如，「你為什麼會覺得需要感謝？現在心情如何？既然因為禮物（或朋友的善意）覺得開心，不如你也跟那位朋友表達你的心情如何？」

這類的引導說法，可讓孩子深入認識自己的情感，並察覺真正的感謝心理，日常也會更多采多姿。最後則是詢問如果（What if），分享更深一層的對話。比方，「如果沒有自來水、沒有電，該怎麼辦？」

這些都是很平常的事，導致我們忽略而且沒意識到需要感謝，若能問問孩子這類問題，就可製造機會讓他們感謝被認為是理所當然的事物。你也可以專注於當下的狀況，並在其中找到可感謝的地方。

感謝是可以學習的能力，除了可藉由練習培養之外，更能透過對話深入認知、發展。研究顯示，思考 5 分鐘感謝的事情後，心跳會呈現穩定狀態，在感到自責怨懟後再測量心跳，則與測量壓力大時的心跳數一樣，呈現升高趨勢。這個研究用 MRI 影像進行觀察，發現感謝的心情可讓負責快樂的神經迴路作用，使心情

變好。這也代表科學已證實，感謝與幸福直接相關。

　　孩子在這個物質至上的世界長大，容易認為自己獲得的東西都理所當然。因此，才建議各位從日常中與他們進行有關感謝的對話。如果覺得有點尷尬、困難，可從分享今天喜歡的一兩件事情慢慢開始，讓孩子回想愉快、微小卻讓人露出微笑的瞬間。小確幸，指的是微小卻明確的幸福。在日常中累積發現微小幸福的時刻，就會在未來遇見更多快樂與美好。

透過寫感謝日記養成習慣

　　6～7歲後，孩子會開始用圖畫表達想法或情緒，也會開始寫短文。書寫感謝日記跟畫圖，可幫助他們思考感謝並表達。感謝日記是回顧一整天後，找出日常中覺得感謝的要素，並將「感謝」這個抽象的情感以眼睛可見的繪畫或文字具體化的過程。這是一種自我省察，並將該想法視覺化，看到並學習眼前所見。

　　在書寫日記前，孩子必須針對感謝思考，這也是一個重新回顧自己的機會。一開始探討的是他人對自己施予的善意或禮物，也就是對自己收到的事物的感謝，這可拓展到針對自己找出感謝的歷程。

　　因此，如果孩子的自尊心較低，父母最好能態度自然地告知孩子他的優點。當他在想到自己擅長的事物時，也會比較正向地看待自己，認定自己有多少價值的自我效能也會提升。這會連結到自尊心，進而培養出韌性。

用正能量克制負能量

當你在思考感謝時，會把注意力都集中在自己的情緒上，使得自己更能認知到情感變化。除此之外，也會更專注地看待周圍的人事物。在該過程中，你會開始意識到周圍的特定事物會給自己帶來快樂。此外，由於專注在感謝上，也可擺脫一整天感受到的負面情緒。

感謝能在培養正向力量後，讓你感受到更大的幸福。透過感謝，可降低不安與壓力的程度，讓你吃得好、睡得好，使身心靈更健康。人家說睡眠即是良藥，孩子若是吃得好、睡得好，就比較不容易生氣，跟朋友也能更加相處愉快，度過幸福的日常。

若用感恩的心觀察周圍，即使是同樣的狀況，也能以更正向的態度看待。你看事情的角度，會改變你的想法、情緒與行為。例如，冰淇淋融化後，不妨試著當作奶昔喝喝看！雖然冰淇淋融化了讓人難過，但因此得到一杯奶昔也不錯。這讓你能以較正面的心態應對當下情形。

這種正向思考並不是你教就會養成的，但可透過感謝日記或練習來改變。歐普拉·溫芙蕾在其著作《關於人生，我確實知道》一書中提到，感謝能改變頻率，並將負面的能量轉化成正向能量。感謝正是改變日常最輕易也最強大的方法。

現代孩子可說是在富裕環境下成長，想要什麼玩具或想去哪裡都可輕易實現願望。幼稚園裡，孩子的話題多半是誰有什麼、

誰去了哪裡等。YouTube 或電視節目盡是介紹玩具的影片或廣告。在這種環境下，孩子比起自己擁有的東西，更關注自己沒擁有的，並且對自己沒去過的地方產生憧憬。這樣的環境氛圍容易讓孩子產生缺乏感，並且欲望更強烈。

欲望是一種本能，當我們得到想要的東西時會覺得幸福，而無法如願以償時會感到失落。寫感謝日記就能幫我們克服這種時刻所感到的沮喪。在寫下感謝的事情期間，孩子會學習到從微小事物中找到幸福的方法。比起無止境地渴望自己想要的東西，他們會更專注在自己擁有的事物上，並引導出對此感恩的心情。

順帶提升了寫作能力

寫作，必先思考。因此在寫感謝日記時，會自動養成思考習慣，整理想法的思維能力也會提升，並發展出有條不紊地以文字表達自身想法的本領。此外，透過表達自己的各種情感，字彙能力也會增加。這些能力都是課業上必備的基本技能。

假如手的肌肉尚未發育成熟，導致寫字仍不太俐落時，可先從在便條紙上寫單字開始。如果連拿鉛筆都有困難，也可以用話語或行動來表達感謝。向家人表達感謝或愛意的方法很多，孩子還小時，可以在彼此臉上貼愛心貼紙，或是塗上口紅後在餐巾紙上印下唇印。家人之間也可以制定相互擁抱的「抱抱時間」，或是自己作詞作曲，唱首名為〈我愛你〉的歌給對方聽。

當孩子開始能寫字之後，就讓他從一個單字到一個句子，再從一個句子變成三個句子，逐次增加到文章的分量即可。父母最好能配合孩子的發展階段，彈性地爲他們安排活動。如果平時就經常用話語或行動表達感謝，在寫感謝筆記或是日記時會容易許多。

爲孩子創造延遲欲望的體驗

物質充裕的時代，孩子想要什麼就能輕易得到。若是家裡只有一個孩子，或是老來得子時，這種傾向更爲明顯。即便是家境不寬裕，只要是孩子想要的，父母也會減少支出，來達成他們的願望。父母擔心孩子在成長過程中感到物質缺乏、在他人面前自卑得抬不起頭，一想起自己幼年經歷的苦，就更希望孩子不會過那種日子。

然而，孩子太容易得償所願，就會逐漸認爲不需努力就能獲得任何東西，認爲什麼都理所當然，這樣一來欲望會越來越膨脹。由於沒學習過感恩的心與忍耐的方法，在無法如願時就容易生氣，挫折感也更爲強烈。假設沒有安撫負面情緒或欲望的經驗，就可能導致後續問題產生——爲了得到想要的東西，孩子會生氣、發怒、又哭又鬧來對應。

父母必須讓孩子練習用正面態度來代替負面的對應方法。練習內容主要是將無法得到東西時產生的負面情緒轉換爲正向思考，並找出值得感謝的要素。

請不要馬上給孩子想要的東西，而要給他努力爭取的機會。意思是，讓他有機會練習延遲欲望的方法。在延遲欲望的期間，先設定階段性目標，並應用在逐一達成目標後可獲得想要事物的獎勵制度（※參考140頁）。孩子將藉此學習到必須努力才能獲得，並從努力中得到正向的經驗。

隨著孩子延遲欲望，強烈的情感就會消退，有時還會意識到自己的欲望只是一時衝動。例如在賣場裡，雖然很想要紅色的玩具車，但回到家玩其他汽車後，很快就忘了那輛紅色汽車。因此若想培養孩子對每件事都懂得感謝，最好不要在他想要什麼的時候就立刻給他，而是送他延遲欲望的經驗。

透過分享得到的感謝

捐贈聽起來很隆重，卻是可以拿來在日常中與孩子做簡單分享的極佳練習。分享能克制想擁有的欲望，對孩子來說會是很好的經驗。

跟孩子一起挑選嬰兒期玩的玩具、變小的衣服、收到卻沒用過的禮物，或是讀太多次已不想再讀的書，然後跟他們一起把這些送給親戚或鄰居的小孩。爸媽可以讓孩子自己挑選並放進箱子裡，並且要在他挑選時邊跟他說：「小朋友收到你現在選的東西應該會很開心吧？」

即使是成年人，也不容易放下對物品的執著。各位家裡應該

有不少完全沒在用，卻想著總有一天會用到，而捨不得丟掉的東西吧？從小就讓孩子練習放下，對他們來說是一種很好的訓練，透過分享練習可以培養出心胸寬大的孩子。據說在放下並施予分享時，人們會感到幸福。此外，慷慨的行為會產生感謝，進而形成善的循環。

　　在孩子更大一點之後，就可以讓他一同參與捐贈的過程。你可以跟他聊聊捐贈的對象，捐贈的物品也可以是送出新買的一部分書籍，不一定是要自己所擁有的東西。或是試著參加地方團體或福利機構的活動。你可以跟孩子聊聊前往協助時，對方可能感受到的情感，也可以跟他聊聊能幫助他人是多麼值得感謝與幸福的事。

　　若想為孩子留存特別的捐贈經驗；如果孩子的頭髮很長，就可以跟她商量捐贈頭髮，拿去做成假髮送給對抗病魔的同齡孩子。讓他們試著對陷入意外狀況的孩子感同身受，並聊聊自己的善意可為他人帶來何種情感，或是這樣的善行能讓自己體會到何種感受，這些都會成為非常珍貴的經驗。

培養孩子了解不同並尊重

孩子是從什麼時候開始認知到差異的呢？孩子會在日常中透過各式各樣的經驗，逐漸接觸並感受到差異，而這個時間點可能比大人認為的要來得早。

我曾在老大一百多天時帶她去百貨公司。我推著嬰兒車正要通過百貨公司大門時，有位黑人男士幫忙開門，然後盯著孩子打招呼，結果孩子被嚇到大哭了起來。在我要離開百貨公司時，一位東方男士也幫我開門，他也跟嬰兒車裡的孩子打招呼，這次孩子卻笑了。很顯然的，小嬰兒已能辨識人種之間的差異。

有研究指出，新生兒滿3個月後會較偏好相同人種的臉孔。到了2歲後，孩子甚至可以認出人之間的差異、表情的不同。特別是去上托兒所或幼稚園之後，會開始認識到跟自己比起來，其他孩子的身高較高或矮、胖或瘦、髮色的不同。他們會察覺到皮膚或瞳孔顏色的差別，並產生好奇。或是更前進一步，開始認知到同學之間非肉眼所見的能力差異。

孩子認知到人我之間的不同，並產生好奇的過程十分自然。

這個時期會根據他們的經驗差異，而形成對「不同」的價值觀。年幼的孩子多半會靠周圍人的反應及自己的經驗去理解身處的世界，並建立價值觀。因此，大人必須努力配合孩子的發展年紀提供環境，讓他們養成良好的價值觀。

- **每個人都是不同的，而且每個人都有獨特的性格特徵。**
- **不同並不代表是錯的，也不代表比較優秀或差勁。**
- **不同就只是特別而已。**

你必須提醒孩子這些事實。如果父母從小就教孩子認知、尊重不同，那麼即使孩子意識到自己與眾不同，也能將這項差異視為特別並且感謝，成為發展韌性的強大基礎。

接下來，就來探討培養出認知並尊重不同的孩子的具體方法吧。

針對不同敞開談話

我女兒在 3 歲時，有一次在超市看到患有白斑症的黑人叔叔就問：「那人的臉為什麼跟小狗狗一樣？」她在看到帶著白色斑點的深色臉龐時，瞬間想到了大麥町。於是我舉了她之前得過的過敏性皮膚炎做例子：「人的臉的顏色不同，皮膚的顏色也會不一樣。你的皮膚比較敏感，所以會長出紅色的疹子，有些人因為

缺少讓皮膚顏色一樣的必要養分，所以會長出斑點。」

　　之後回到家，我在網路上搜尋有白斑症的名模照片跟報導給她看。女兒平常也會關注外貌，說其他人漂亮、胖、高、矮等，因此我想灌輸她美麗的意義與正確的價值觀。我也告訴她那名模特兒小時候的故事。她小時候曾被嘲笑是乳牛，也有過許多傷心的日子，但這名模特兒卻將自己的斑點視為個人特色，並堅強地走出自己的路。最後多虧了這些斑點，讓她成為在眾多模特兒中最吸引人注意、最出色的一個。這個故事也給我的孩子留下極深刻的印象和感動，此後她遇到臉龐有燒傷疤痕的人或患有侏儒症的大人時，都不會嚇到或驚訝，而會輕鬆地與他們打招呼。

　　孩子意識到不同或是針對此提出問題時，父母或許可能感到困難和苦惱怎麼應對，但換個角度想，這正是教導多元性的大好機會。

　　孩子有時可能會問「那個人是大人，為什麼像小孩一樣矮啊？」「那個人為什麼那麼胖？」「那個人為什麼坐輪椅？」之類的問題。儘管這些問題出自純粹的好奇心，卻容易讓父母陷入窘境。這時候若只回答：「不可以說這種話。」孩子就可能將身體上的特徵或障礙視為是不好的。

　　因此，即使在這種狀況下覺得難堪，也不要迴避，而要誠懇地與孩子分享經驗並對話。能在當下反應最好了，但許多父母應該會因為太慌張而說不出話來。這時可以試著說「回家再說」，然後到家後就要針對該問題進行對話。孩子的提問可能出自純粹

的好奇，也可能是對稍微不同的樣貌感到害怕。你必須先觀察孩子提問的原因，再跟著做反應。並且，務必在該差異中找出並強調正面意義。

「要有擅長唱歌的人，我們才有耳福；要有勇敢的人，才能救人；要有擅長數學或科學的人，才會有發明，對吧？就是因為有各式各樣的人，這個世界才能和諧運作。所以人人不同是多麼值得慶幸跟感謝的事啊。」

你可以透過書籍或網路，找出即便身體不便也締造出偉大事蹟的史蒂芬·霍金等偉人的故事，敞開心胸與孩子對話，教導孩子「不同沒有錯，反而是美麗的」。

父母得先拋下成見

年幼的孩子不會認識到不同是好或不好，他們只會對不同這件事純粹感到好奇。由於正處於了解這個世界、持續提問並學習的階段，尚未有偏見這類想法。反而是父母的成見或思考方式會讓孩子產生先入為主的觀念，進而對自我認知造成影響。他們可能會覺得自己跟朋友不同，而先畫下界限，並認為不同是不利或負面的。

最具代表性的是性別差異，孩子差不多 2 歲時會意識到自己的性別。雖然社會風氣已有改善，但生活中仍可見到對性別的成見，比方說，一到家族聚會的大節日總是女人在煮飯洗碗。所

以，父母應該意識並展現兩性的平等，從家庭教育開始教導孩子不要因為性別差異而有所限制和束縛，例如不用因為是女生就只買粉紅色衣服，也不需要阻止男孩子玩芭比娃娃或塗指甲油。

你必須展現出性別只是一種例子，而不該限制或歧視身體差異或思考、價值觀、人種、宗教上的多元性，並抱持尊重、感謝的態度。請別忘了，父母不經意的行為都可能使孩子形成偏見。舉例來說，當經過黑人身邊時，若媽媽將孩子拉近往身體靠，會下意識地教孩子黑人是危險的。也有父母會在孩子出於好奇心問「那個人為什麼這樣？」時，直接說「沒禮貌」，或是為了迴避困窘的瞬間而皺起眉頭或選擇無視。

此外，你可能會嘴巴上說著「多元很重要」，但實際上卻活得很封閉。身為父母的你，是否覺得新事物很麻煩，並總是跟同樣的人相處、只去覺得舒適的地方？即使你覺得不舒服，也要去嘗試，孩子才能在日常接觸、感覺，進而學習。試著脫離平常相處的人或前往的場所，並嘗試不太會做的事吧！身為父母，必須努力言行一致才行。

這世界並不需要相同的人。美國一流的大學或 Google、Apple 等國際性公司也都會雇用各式各樣的員工。當一群多元的人聚在一起時，就可以用各種不同的視角觀察問題，而不同背景的人聚在一起時，更可能激發出創意方案。

擁有在多元中相互理解尊重、配合經驗的孩子，會更善於與朋友建立關係。若能避免將差異視為不利條件或弱點，而理解為

個別不同，就也能接受、感謝自己的不一樣，並同時尊重他人的差異。這樣的孩子校園生活會更順遂，出社會後在多樣的環境中必須與許多人交流時，也可發揮自身能力。你必須如同上述，從小就建立多元性及包容的價值觀，才能培養出韌性強，進而成長爲未來棟樑的孩子。

正向思考會召喚感恩的心

感恩的心可從靈活地轉換思考開始。在負面狀況下也能轉換成正向的態度，並從不同觀點來正視、分析問題，就能找到感謝之處。

靈活思考可誕生感恩，感恩的心則會成為韌性的資質。當孩子習慣這樣的思考模式後，往後在面對各種難關時，就能用不同的角度去觀察解決。若能輕鬆地在當中找到正向要素，孩子長大後心靈會更為健全。

希望各位可以開始回顧孩子在日常中應對大小問題時的思考方式或行動，並試著將這些問題用新的方式觀察和討論。例如，若孩子在初次嘗試某件事之前感到緊張擔憂，你可以跟他說：「這會是學習新事物的大好機會耶，真令人興奮。」

若是下雨導致足球比賽取消時，你也可以說：「多虧下雨，我們才能在家裡看電影呢，這場雨真令人感激。」

幫助大腦發展的正向態度

蘇菲在用剪刀剪貼色紙，但是因為她還不太會用剪刀，導致色紙最後剪壞了。這時蘇菲說邊緣破掉更漂亮，就把色紙撕得更小後貼上並完成作品。她認為多虧色紙破了，才能使作品更好看，一邊說：「謝啦，破掉的色紙。」希望各位也可以透過這樣的思考轉換，收集發現感謝的日常。

感恩的心可充分透過後天的持續練習跟努力培養。對每件事覺得感謝的人，通常態度比較正向，也比較無壓力、不憂鬱。這是因為感恩的心本身會讓你專注在正向的要素上。

思考的微小轉換能讓你找到感謝，而這樣的感謝累積下來則會提升正向態度。正向的態度正是引導孩子邁向幸福之路的指南針。即使意料之外的困難襲來，只要持續練習靈活思考，不管遭遇任何問題，都能靈活對應、向前邁進。

據說大腦的迴路會藉由新的經驗或刺激重新生成。這代表大腦的迴路是可以改變的。心理學家丹尼爾‧高爾曼教授指出，鍛練大腦的正向思考，可以提高韌性。此外，你越覺得幸福，大腦的左側前額葉就越活躍。我們大腦的左側前額葉會在感覺正向時活躍，相反的，右側前額葉會在感受到負面情緒時特別活躍。也就是說，若反覆覺得感謝，越能活化大腦的正向思考，是培養韌性不可或缺的要素。

假如希望教導孩子感恩之心並培養正向態度，父母最好回顧

一下自己的說話習慣。比方說，「因為」可能有責怪他人的負面涵義，「多虧」則讓人有感謝的感覺。畢竟人們雖然會按照自己的想法說話，卻也會隨著說話的內容去思考。

第5章

培養信賴與尊重自己的力量

相信自己，是指正向地信賴自己。這跟愛自己、尊重自己的自信心緊密相關。同時，自尊心是幫助孩子脫離難關的韌性資質，能引領他們奮力邁向世界。

社會福利學將自尊心定義為「尊重自我的意志，自己的尊嚴並非依靠他人的外在認可或稱讚，而是依據內在成熟的思考與價值獲得的個人意識。」也就是，孩子對於自我價值的判斷程度，就是自尊的核心。

例如，假設我們面臨一個因為不清楚而遭遇困難的狀況。這時自尊心堅定的孩子就會誠實的說自己不懂，並表現出積極學習的態度；相反的，自尊心低的孩子一向仰賴他人的認可來評定自我價值，所以會隱瞞自己不會的事實，比起挑戰更容易選擇逃避。

自尊心高的人不認為自己應該要擅長什麼才能獲得他人認可，而是自覺存在本身就是有價值的。能如此堅決地信任自己，面對再大的困難，都有自信克服。

培養自尊心的關鍵在於，感受到自己是被喜愛的，以及透過獨力完成的經驗獲得的自我效能。

幼兒期是自尊心發展的關鍵

新生兒看到鏡子裡的自己時，不會意識到那是自己的模樣。這是因為自我概念（Self-concept）尚未形成。3個月大時，他會開始察覺並區分自己與他人，6個月後會開始怕生，並與主要照顧者形成依戀關係。

這時期，孩子會用哭泣與咿咿呀呀來表達自己，在如此表達情緒或欲望的階段，父母若想幫他培養好的作息習慣，而讓他長時間哭泣，或怕寵壞而不抱抱、安慰的話，孩子跟父母之間不易建立信賴感。相反的，若能仔細觀察孩子的各種情緒表達，並快速地應對，親子之間較能累積依戀，建立信賴感。

這時期可以說是自尊心建立的第一階段。孩子必須感受到自己是被愛著的，才能建立愛自己的自我尊重感。

2歲後生活自理能力開始發展，孩子會想自己吃飯、自己穿衣服。靠自己的力量成功解決問題及完成生活自理的行為，累積成就感。從這些成功的經驗中所獲得的自我效能，將成為提升自尊心的養分。孩子對自己的行動產生信賴，而在累積這種信賴感

的同時，也會發展出正向的自我，並且讓他們心生出對自我價值抱持高度評價。

除了生活自理能力外，也可藉助遊戲讓孩子接觸運動、美術、音樂等各領域活動，進而培養自尊心。這個時期，若父母太講究衛生，孩子吃東西時一流出嘴巴就馬上幫他擦，或是不給他機會自己做，將對他的自尊心建立形成負面影響。

孩子3〜4歲時開始上托兒所或幼稚園，人際關係會再拓展。孩子會從家庭內的經驗認知自己，當進入與更多人交流的時期，就會藉此認知理解到「原來我是這樣的人啊」，並建立起自我概念。在這個過程中最重要的是周圍人的話語與行動。不過在此之上，對孩子來說最重要的還是父母或主要照顧者。那麼孩子什麼時候會感受到自己是被愛的存在呢？

孩子感受到父母愛意的五個瞬間

自尊心最基本的要素是無條件的愛。無論要付出怎樣的努力，你都必須向孩子傳遞訊息：他是為了被愛而出生的，而且光是他的存在本身就很珍貴、有價值。當孩子真正感受到父母無條件的愛時，這份愛將成為他們珍惜自己的基礎，並且成為他們與這個世界、人們正向溝通交流的墊腳石。

儘管從父母的立場來看，喜愛子女是理所當然的，也認為自己有充分給予、表現愛意，但從孩子的立場來說，或許不是這麼

一回事。男女之間表達愛的方式不同，感受對方愛的程度也不一樣，而父母跟孩子之間也會有這樣的差異感受。各位可以思考一下，孩子是否有感覺到你的愛，而你自己是否也正用孩子能感覺到的方式愛著他呢？

此外，在孩子成長的同時，愛他的方式也必須跟著改變。一般來說，哪些愛意方式比較能傳達給孩子呢？通常在以下幾個瞬間，孩子最能感受到父母的愛。

第一，**肌膚接觸時**。透過擁抱、親親或一起洗澡等，彼此肌膚接觸的同時，孩子心理上更有安全感，並與父母有更深的連結。當肌膚接觸時，身體會產生催產素與皮質醇等幸福荷爾蒙，幫助孩子正向思考。透過這種正向的肌膚接觸，孩子可與父母形成穩定的依戀關係，並以此為基礎，與他人穩定地建立關係。

第二，**聽到充滿愛意的話時**。蹲下身體讓自己與孩子齊高、可平行對視，然後用充滿愛意的語氣對他說我愛你。當孩子問：「媽媽你愛我嗎？」以確認愛時，若眼睛看都不看他，只忙著處理手上的事並敷衍地說：「嗯，愛啊。」孩子將無法從媽媽的話語中感受到真心。希望各位可以用眼神、表情、語氣、肢體語言等，全身各部位來傳遞充滿愛意的話語。

第三，**展現傾聽模樣時**。在跟孩子對話時，必須耐心地把孩子的話聽完。你是否曾因為太急而打斷他說話，或是因為發音不正確而督促他重新說一次，或是曾在他人面前指責他或做比較？

希望各位可以回顧一下，與孩子交流時，自己曾經說過的話跟行動。

在孩子似乎想說什麼時，先停下手上在做的事，然後看著孩子，身體也向著他，確實展現出「我想要聽你說話」的姿態。當有急於處理的事情時，可以請孩子稍等一下，並在事情處理完之後，重新回到孩子身邊聽他說話。

第四，一起相處時。就算時間有限、很短暫，也建議只專注在孩子身上，並共同度過一段有意義的時光。孩子想跟父母在一起時，總會說要一起玩。這也代表父母看著自己、跟自己相處時，自己有被愛的感覺。有時可能因為是職業婦女，或有更小弟妹的「大家庭」，而難以與孩子一對一相處。但比起花很多時間敷衍了事，不如花個30分鐘只專注在孩子身上，做些有趣的事，這樣更有意義，也有助於孩子建立自尊心。比起時間的量，質更為重要。

第五，回應孩子的要求時。這部分可能是為了孩子所做的行為，或是送給孩子想要的物質禮物等。當孩子拜託某件事、請求幫忙、表達有想要的東西時，必須適當應對，才能讓孩子感受到自己有可依靠的支柱。這並不代表要聆聽他的全部要求。若是不合理的要求，就必須跟他說明原因，並教導他延遲欲望的方法。這也是針對孩子的要求所展現的適當反應。在教導他正確是非的同時，也不忘節制跟訓誡，孩子才能感受到父母的愛。

這裡所說的，並非要孩子符合某種條件或做出父母希望的行

爲而給予的愛。而是孩子即使什麼都不做，也會針對他存在本身給予的無條件的愛。這樣即便是微小的日常瞬間，孩子也能感受到父母的愛。

某天去超市時，我買了女兒喜歡的餅乾給她，結果她說：「媽媽好像真的很愛我耶。竟然買了我喜歡的餅乾。」不過是小小的舉動，當孩子感覺那是爲他而做的事情時，他就能感受到父母的愛。重點不在他喜歡的餅乾。假如買了餅乾，卻直接丟給孩子，連眼神都沒對上，就沒有任何意義了。這種情況下，孩子完全不會感受到任何愛意。比起物質，溫暖的手跟話語，更能深入孩子的內心。

每個週末，我跟丈夫會輪流帶老么到公園玩，留下來的人則負責做家事。某天連老大也一起出去，在老么遊玩時一起幫忙照顧。那天老么開心地說：「我的家人真的很愛我耶。大家一起出來真好。」在那之後，我們決定週末找一天全家一起去遊樂場。

像這樣感受到父母無條件的愛的孩子，會珍惜自身的存在，並感覺自己是有價值的，進而讓自尊心扎根茁壯。

用稱讚培養自信心

「稱讚能讓鯨魚跳起舞來。」這句話出自肯‧布蘭查《鯨魚教養法》一書，英文書名是《Whale Done》。Whale Done 是將 Well Done（做得好）中的 well（好）跟 whale（鯨魚）交換而來。這個書名睿智地表達出布蘭查認為「訓練鯨魚時，關鍵在於稱讚」的想法。

除了此書以外，也有很多研究證實稱讚是人產生變化的原動力，還能使人發揮如同魔法般的力量。哈佛大學心理學系的勞勃‧羅森塔爾就進行過類似研究。

他在位於加州的某國小，隨機挑出全校20％的學生，並告知他們是因聰明才智而被選上，8個月後這些孩子的成績有明顯的成長。心理學中以該教授的姓名為基礎，將稱讚的正面效果稱為「羅森塔爾效應」。

稱讚可以讓不安的孩子內心產生「我做得到」的正向能量，並提升他們的自信心。此外，得到稱讚時，獲得認可的心理會產生想更努力的動機。

稱讚的正向效果即使不是父母也清楚。但比起西方國家，我們的孩子在成長的過程中聽到的稱讚似乎較少，就算旁人稱讚自己孩子，父母也會說：「沒有啦，才這種程度。」這可能是受儒家「滿招損，謙受益」的思想影響，擔心過度稱讚會毀了孩子。

　　當然，過度稱讚、只看結果的稱讚的確有問題。在我服務過的美國學校裡，老師會在學期初參加研修，其間舉辦不少有關稱讚的工作坊。這代表著稱讚在孩童教育的重要性以及稱讚是需要技巧的。比方說，「你最棒了、天才、聰明」等稱讚法，可能會形成錯誤的自我意象。而像「你最乖了，要不要○○？」之類的話，形同於不做的話就是壞孩子，因此這種稱讚不如別說。過度稱讚、吝於稱讚，都可能對自尊心的建立造成影響。

　　聽到這裡，可能會讓人覺得稱讚好像很困難。因此我在這裡取 PRAISE（稱讚）這個單字，將有效、適當的稱讚方法整理成以下六種。

有效稱讚的方法：PRAISE

針對過程稱讚	Process
給予內在、外在獎勵的稱讚	Reward
用提問讓孩子拓展思想的稱讚	Ask
利用具體資訊的稱讚	Information
可信賴的客觀稱讚	Sincere
給予勇氣的稱讚	Encourage

PROCESS：針對過程稱讚

「你真的好聰明喔。真是天才。」

你是否會用類似話語稱讚孩子呢？這種稱讚雖然可能立刻為孩子帶來自信，但若濫用，就可能養成孩子自傲的性格，而非培養他的自尊心。不管努不努力，都會聽到人家說自己聰明，導致無法站在客觀角度省視自己，進而變得趾高氣揚，陷入自己比他人優越的思維。

同時，若長期用「聰明的孩子」「天才」等話語稱讚孩子的話，他可能會漸漸顧忌挑戰。孩子會害怕失去聰明的頭銜，也想要呼應他人的期待，致使他逃避可能失敗的課題，而總選擇容易的事情去做。對於這樣的心態，孩子可能不知道也不會說出口，最終導致自尊心下降。這是因為在迴避困難事物的同時，孩子也感受到無法自行解決問題的無力跟界限。

此外，我們經常在日常中使用「做得好」來稱讚他人。不過孩子可能會將「做得好」這句話，解讀為針對結果的稱讚。再怎麼努力，結果也可能不如想像，這就是人生。有時候，孩子難免會遇到已經很努力了卻不受運命之神眷顧，結果不符合期待的情況。所以，比起稱讚結果，更要讚美他的努力，如此才能培養他的自尊心。

我們無法控制結果，但「努力」是孩子可以靠自己做到的。例如：當孩子在演奏鋼琴時，沒有犯下任何錯誤而彈到最後時，

比起稱讚他「彈得好」，不如說「上個禮拜錯滿多的，每天努力練習30分鐘真的很了不起耶。我有看到你左右手分開練習喔。」稱讚他練習的過程。獲得這種無關結果的稱讚，能賦予他們動機，孩子也會察覺過程的重要性，即使在遭遇困難的事物後面臨失敗，也不害怕結果，而能重新開始努力。

REWARD：給予獎勵

獎勵可分為精神獎勵與實質獎勵。精神獎勵是指沒有得到任何代價，內心仍對獲得稱讚或達成目的感到滿足與成就感。而實質獎勵則是給予金錢、物質或特權等。

孩子還小時，不容易感受與理解精神獎勵。因此，最好配合孩子的發展年齡，從實質獎勵開始漸漸延伸到精神獎勵。首先為了鼓勵孩子養成良好習慣或達成目標，可以利用他喜歡的食物、物品或活動，讓努力的過程變有趣。

努力對每個人來說都很辛苦，卻是必須克服和向前邁進的必要過程。如果沒有針對孩子的努力來獎勵，他就會缺乏動力持續，也就無法持之以恆。因此可以給予適當的實質獎勵，讓他在達成目標的過程中，較能輕鬆克服遇到的困難。例如，孩子讀了一本書，就為他貼上喜歡的貼紙；孩子清理自己的房間後，全家人聚在一起玩一輪遊戲等。

在規畫獎勵時，必須考慮孩子的發展年齡。有時強調「做

○○的話，就給你○○」，可能會讓孩子有「如果不給我○○，我就不做○○」的反應。爲了防止反效果，我會在後面（參考140頁）詳細說明「有智慧的獎勵」。

有些父母會擔心孩子太依賴實質獎勵。他們擔憂孩子誤以爲「正確的行爲總會伴隨獎勵」，或無法產生內在動機。簡單來說，內在動機就是孩子會對自己的某個行爲感到開心、自豪。不是因爲別人叫他去做，也不是爲了獲得稱讚，而是自己想做才去做。

精神獎勵不同於實質獎勵，無法在短時間促成。相反的，它會花上更長的時間。精神獎勵需要透過許多的成功經驗與努力的過程來創造。可從實質獎勵開始，當孩子一次次的達成目標後，終究會嘗到內在的成就感，並且體驗到精神獎勵。

Ask：藉由提問促進孩子拓展思想

孩子會向父母展示並炫耀自己的繪畫、創作、行爲，是因爲他們想獲得並確認父母的認可與愛。若是孩子持續聽到類似的稱讚，就會逐漸失去興致，認爲父母的稱讚很敷衍。當然，每次孩子拿著什麼過來都要稱讚時，父母要給出不同的評語也不容易。這時候提問型的稱讚會是個不錯的方法。

比方說，當孩子拿畫過來說：「媽媽，妳快看我畫的。我畫得很好吧？」時，不要只是說「哇，好棒」，而可針對孩子的

作品或行動重新提問。這會讓他覺得父母是真的對他的作品或行為感興趣。此外，提問型稱讚可以讓孩子的思考與行為發展更上一層樓——「你是怎麼做到的？真的很有趣耶？目前為止都沒看過。」

像這樣藉由詢問怎麼做的、怎麼會有這樣的想法等提問型稱讚，一起回顧孩子做出成品前的努力過程，不僅能建立他的自信，也是拓展孩子思考下次該如何做的好機會。

Information：利用具體資訊的稱讚

「做得好，真棒。」

各位應該很常這樣稱讚吧？寫下《心態致勝》一書的卡蘿‧杜維克教授指出，「做得好」之類的稱讚缺乏脈絡，從孩子的立場來看，會難以理解自己什麼事情做得好、為什麼做得好。也因此，他們不會知道怎麼做可以再次做得好。

所以最好詳細地稱讚孩子達到結果或目標前的過程。例如，不要只對把房間清乾淨的孩子說「做得好」，而要說「你把玩具都分好放回原位了耶」。

事實上，如果叫孩子把玩具收好，他可能只會把東西一股腦地推到角落，或是直接堆起來，統統丟到籃子裡。如果能在整理房間之外，再加上「分類」「歸回原位」等更具體的資訊，孩子就能明確理解自己是做了什麼才會得到稱讚。也因此在下次整理

時，他就會記得要分類後放回原位了。

　　我再舉一個例子。當你看著孩子畫的畫時，比起「好看」或「畫得眞好」等單純的稱讚，可說「你用了這麼多不同的材料，讓小狗看起來更有意思耶」等具體的讚賞內容。這樣孩子就能理解自己的畫爲什麼好看，也會在觀看他人作品時思考爲什麼好，進而產生思考能力。此外，他會意識到自己擅長什麼，並獲得持續往該方向努力的動力。

Sincere：給予可信賴的客觀稱讚

　　如果希望稱讚更有效，就必須讓它客觀化、實際化，這樣孩子才好理解現實的標準，並實際套用。譬如，孩子畫的圖比起同齡小朋友的並沒有特別出色，卻爲了讓他不洩氣，或是認爲稱讚可以培養孩子的自尊心，而不管不顧地讚美他：「哇，畫得眞棒，可以當畫家了！」這樣反而會讓孩子內心的標準脫離現實。

　　此外，孩子跟同齡小朋友比起來多少會有不足的地方，無差別的稱讚日後可能影響到親子關係。畢竟孩子長大後終究會察覺到，父母都說我最棒，事實並非如此。這麼一來將導致他們對父母的話失去信任，或是誤會「爸媽原來對我沒什麼期待啊。所以才這麼敷衍地稱讚。」

　　又，在家裡被過度稱讚的孩子，走出家門後若無法獲得稱讚，就容易感到挫折，或是在無法得到稱讚的情況下喪失鬥志，

導致不想努力。也可能因為不希望辜負父母的期待，比起尋找自己想做的事情，更專注觀察父母的臉色。所以，稱讚必須實際又客觀。

不過這並不代表要冷酷地評斷孩子的表現。例如，如果總是說「比你厲害的孩子多的是」，可能會讓他失去自信心。就像前面說的，可以稱讚過程，但要盡量避免用「你做得最好，比其他孩子好多了」這種比較式的稱讚法，或是脫離現實的誇張表達法。用「跟上次畫的恐龍比起來，這次畫的恐龍看起來更生動耶」等，比較前後、稱讚進步的方式較有效果。

最重要的是，這些稱讚必須發自內心。孩子有時會在忙碌的日常中拿東西過來要你看。明明你在洗碗，他卻擺出跆拳道的動作，或是前滾翻、翻筋斗，要你看他幾眼。這時候，多數人應該是看也不看敷衍地說「嗯，做得好」一句話帶過。孩子會渴望讚美，是因為希望獲得父母的關心。他們想要感受到，自己喜歡的父母注視著自己、給予認可的感覺。當你真心帶著興趣觀賞、聆聽，會引出孩子想再次挑戰的動力。

因此，如果孩子拿著做好的樂高或繪畫來炫耀，請暫時放下手邊的事情，跟孩子對視，並跟他說說話。若只說「媽媽現在在忙，走開」或是「我之後再看」，他們會認為媽媽不關心自己而受傷。假設當下真的抽不出時間，可以跟孩子說手邊的事做完後再看，並稱讚孩子願意等待。當忙碌的事告一段落後，請確保自己有一段時間，可以跟孩子重新探討他希望獲得稱讚的事物。

Encourage：賦予勇氣的稱讚

　　你的孩子是否容易放棄，或只注重結果？或是會為了包裝自己，而不時找藉口、以玩笑帶過？再不然就是因為不想做而逃避？這時候若能透過稱讚使他鼓起勇氣，將有助於引領他從事正確的行為。這樣可以鼓勵他在達成目標前的過程，並培養他的自尊心。

　　美國學校經常對孩子使用「可以給我看嗎？」之類的表達法。「你可以讓我看看你鋼琴彈得多好嗎？」「你可以讓我看是不是可以獨自做到嗎？」等話語，都能鼓勵孩子去做某些事情。尤其對缺乏自信的孩子來說，這種賦予勇氣的稱讚、察覺孩子努力的稱讚十分管用。

　　不過，賦予勇氣的稱讚有必須注意的地方。「沒關係，這程度算做得很好了。下次會更好」之類的稱讚，聽起來好像稍稍有給予勇氣了，但如果孩子無法得到迫切想要的結果，而且無法自我滿足時，這種稱讚可能會讓他覺得「你對我的期待只有這樣嗎？」而無法真正解決孩子的需求。

　　那該怎麼做才好呢？

　　「你這次的努力，媽媽都看在眼裡。媽媽真的要稱讚你的努力。但是結果很可惜。一起想想看下次如果要達到你的目標，我們應該怎麼做吧！既然透過這次經驗學到○○，下次一定可以做得更好。」

請像這樣，一邊稱讚孩子的努力，一邊同理孩子惋惜結果的心情，並引導他思考以這次經驗為基礎，下次怎麼做會有不同的結局。如此可以讓孩子更加成長，同時獲得勇氣。

稱讚孩子時要注意的五件事

在應用稱讚技巧時，應記住幾件事情。

第一，稱讚最好有連貫性。如果同樣一件事，某天父母因心情好而稱讚，另一天卻因心情不好而不給予稱讚，這樣會讓孩子感到混亂。

還有一種狀況是，孩子禮讓東西給朋友，所以你稱讚了他。但某一天又覺得孩子一天到晚把東西讓給別人，而疼惜地說：「你怎麼每次都在讓別人啊。」這樣會讓孩子懷疑自己的行為，覺得自己做錯了。所以，父母應該要有明確的原則和標準。如果父母的價值觀有所動搖，就很難將稱讚連貫並持續。

第二，請勿稱讚在先，卻以指責收尾。有時候，父母會在稱讚完後馬上指責。像是「做得很有特色。你做得很好，但下次這樣試試看。這部分很可惜」或「名字寫得真好，但字有點歪七扭八耶。」等。這樣的稱讚說了等於沒說。孩子都還沒感受到稱讚的喜悅，就直接覺得被斥責了。稱讚時，請專注在稱讚上，好讓孩子可以完全感受到。

有些父母可能覺得「有值得稱讚的地方，但也有該修正的部

分，該如何是好？」這時最好先稱讚，等一段時間後再指出需修正的部分會比較好。並且建議用提問的方式代替指責。例如，孩子在做作業，你可以跟他說：「字慢慢寫會不會比較好？這樣可以寫得更漂亮。你覺得呢？」

第三，**請稱讚行為，而不是稱讚人**。「乖孩子」「聰明的孩子」等定義孩子的稱讚方式其實會讓人感到困擾。例如，「你幫弟弟解決困難喔？做得好」之類的稱讚，是在稱讚孩子的行為，而「好棒，你是會幫助弟弟的乖小孩耶」這類定義人的稱讚就不太好。這種定義人的稱讚會在孩子心裡種下認知，以為幫助弟弟就是乖孩子，不幫就是壞孩子。

實際上，有些狀況是他無法幫助弟弟的，這種時候他可能會覺得自己是壞孩子，並出於必須成為乖孩子才能獲得父母認可的壓迫感下行動，而非發自真心。

第四，**請勿將稱讚的目標定得太高**。假設父母將期待值拉得太高，而非配合孩子的能力或行動，就會變得吝於稱讚。請不要期待3歲的孩子會好聲好氣地讓玩具給朋友，也不要期待6歲的孩子可以把字寫得端正。如果孩子做了什麼好事，請不要等到他自己來領獎；孩子拿了第一名，也不要非得拿到100分成績不可，請馬上稱讚他。而且，請務必記得孩子的發展年齡，並觀察他達到某種目標或結果的過程，不時地稱讚他的努力。

第五，**稱讚不一定需要話語或物質上的獎勵**。讚美孩子不需要給他喜歡的玩具或舉辦特別活動不可。家人聚在一起玩桌

遊，或是吃好吃的點心、看電影，都是很好的稱讚獎勵，也會成為美好的回憶。當然，用話語稱讚也很重要。畢竟不說的話不會知道。然而，為了讓話語稱讚更有效的傳達，請記得要注視著孩子，並露出溫暖的微笑、比大拇指或跟他擊掌、緊緊抱住他等非話語的稱讚。任何稱讚都需要充滿愛意的話語、眼神、肌膚接觸等，才能發揮更強大的力量。

賢明父母的獎勵制度

前面探討了稱讚的方法，以培養孩子的自尊心。這時應該會有父母覺得「不過是個稱讚，怎麼這麼複雜啊！明明只要跟他說做得好就可以了。」

的確，真正的稱讚比想像中困難許多。所以這裡想跟大家介紹一種讓稱讚更有效果的方法，也就是獎勵的應用。

美國學校經常利用各種型態的獎勵系統。各位可能會擔心如果獎勵太多，會不會讓孩子過於依賴，但這邊介紹的獎勵並非「只要○○，就給你○○」的即時獎勵，而是訂出原則、確立計畫，並且在持續連貫地應用下充分展現效果。

我以到目前為止談論過的內容為基礎，整理成「獎勵十誡」。若能記住，將可幫助各位父母有智慧的應用獎勵系統。

獎勵十誡
①先建立獎勵計畫後，要連貫性地應用。
②具體並分明地告知獎勵的理由。

③建立獎勵制度時，讓孩子也參與其中。

④獎勵標準與時間需配合孩子的發展年齡。

⑤年紀越小，獎勵就該越快執行。

⑥一定要遵守獎勵約定（不能違約）。

⑦獎勵的種類可從孩子喜歡的東西開始，並有創意地訂定。（ex. 畫畫、給予自由時間等）

⑧獎勵不一定要是物質性的。（ex. 特別活動等）

⑨不能奪走孩子透過獎勵得到的東西。（ex. 歸還稱讚貼紙）

⑩不管是什麼獎勵，都必須傳達充滿愛意的話語、眼神、肌膚接觸，才能發揮強大力量。

獎勵的種類與應用方法

①稱讚貼紙

市面上有各式各樣的貼紙，你可以配合孩子的喜好購買使用。可將收到貼紙作為一種獎勵，也可在孩子收集 10 張貼紙之後，答應他週末時可跟朋友去騎腳踏車等，嘗試各種應用。

②獎勵清單

使用清單的話，就可明確知道該做什麼，並確認自己在達成目標之前的進度。不管是建立新的日常行程或學習新的技巧，使

用獎勵清單將有助於養成良好的習慣。

獎勵清單的例子					
目標	星期一	星期二	星期三	星期四	星期五
遵守螢幕時間30分鐘					
將使用過的物品放回原位					
不偏食					

③代幣系統

你可以設定一天或一週，如果孩子做到目標行為，就可獲得代幣當作獎勵。收集一定數量的代幣後，可再獲得更大的獎勵。也能用實際的錢幣取代，例如收集 5 塊錢，集成 100 塊，可用這 100 塊買到很多東西，順便教育數學和用錢的概念。

④拼圖式獎勵系統

你可以將獎勵清單變成更具創意的型態。若是持續使用平淡無奇的獎勵清單，孩子可能會逐漸失去興趣。可將孩子喜歡的圖片剪成拼圖的型態，並透過收集拼圖來完成圖畫（刺激好奇心），或是讓他一次獲得一件喜歡的紙娃娃衣服，以延續他們的興致。

拼圖式獎勵系統例子

⑤特別活動

前往陌生環境從事各種體驗，例如：帶孩子去兒童樂園、露營、看電影等，都能賦予他強烈的動機。不過特別活動不能太頻繁用在日常生活中，而要將它視爲前面提到的獎勵清單或代幣系統的最大獎勵來用。

⑥螢幕時間

要完全消除現代的孩子使用平板、手機、電視等螢幕時間幾乎不可能。學校上課、跟朋友之間的關係等，幾乎排除不了媒體的應用。如果孩子平常已經很頻繁使用螢幕，就可透過獎勵來調整使用時間。就像特別活動那樣，先從①～④的方法開始，並當作最後的獎勵使用。

⑦食物

　　烹調孩子喜歡的食物或料理時，若能讓他幫忙，他會很高興。有時去孩子挑選的餐廳外食，對他來說也是一種很棒的獎勵。在自己挑選的餐廳裡點自己喜歡的菜色，非常棒。（你可不要跟他說太甜不行這樣的話啊。請記住，你們是為了獎勵而來的，吃一次無傷大雅。）

⑧自由時間

　　孩子有時行程比大人還滿、還忙，你必須讓孩子找到他想做的事情，再給予他任意作為的時間跟空間。建議可先聊聊，知道他想做什麼，先計畫、再開始。畢竟若是超出父母容許的範圍，而突然發出限制令的話，就不算是真正的自由時間了。

⑨跟朋友見面

　　如果讓孩子在學校、補習班以外的時間跟朋友見面，並大玩特玩，應該沒有孩子會討厭的吧？你可以跟孩子朋友的父母事先計畫好，把跟朋友見面當作獎勵應用。

⑩跟家人的遊戲

　　除了物質的獎勵外，與孩子溝通的獎勵也很有益。不僅可提升親子間的關係，還能一起製造回憶，成為一段珍貴的時光。玩遊戲也能兼顧數學、認知、社會等技巧，可說是一舉數得。

讓孩子有獨力嘗試的機會

前面提過，無條件愛孩子的存在本身，並透過稱讚讓他感受到自己是被愛、被認可的存在，可幫助培養孩子的自尊心。這裡要加上最後一個要素——自律性。因為自尊心其實是以孩子自行主導、決定，並實現某件事的經驗為基礎形成的。

自律是自我管束之意，也可說是控制自己的能力。因此，孩子的自律性，指的是孩子自行決定該如何做某件事，並在主導的過程中「調整」自己，並對該結果負責。若沒有主導跟調整而去做某件事，就不能稱之為自律性。

有時人會以培養自律之名行放任之實，然而自律並非放任，而是父母必須在旁邊觀察，並在必要時加以管制。

那麼自律性該如何培養？請在日常中，給予孩子自行做某事的機會。你可以允許他自行決定、執行，並為隨之而來的結果負責。孩子可透過這樣的經驗得到成就感與自信，而自信感會延伸到自尊心，成為韌性的資質。

首先可先診斷孩子的自律程度。

各年齡自律性確認清單

年齡	日常活動	確認
6～12個月	自己拿奶瓶或杯子	
	用幼兒瓶喝東西	
	用手抓著吃	
	拿湯匙	
1～2歲	拿起杯子喝水（會稍微流一點出來）	
	用湯匙吃飯	
	嘗試刷牙	
	自己脫襪子或鞋子	
	乖乖穿脫衣服（像是張開手腳等）	
	告知尿布濕了	
2～3歲	自己洗手	
	把玩具放到籃子裡	
	把垃圾丟到垃圾桶	
	刷牙（照顧者負責收尾）	
	用馬桶（訓練排便）	
	表達想去上廁所的欲望	
	解開大的鈕扣、拉下拉鍊	
	用餐巾紙擦嘴巴、手	
	自行使用湯匙、叉子吃東西	
	自行脫襪子、鞋子、衣服	

4~5歲	自行使用化妝室	
	自己穿衣服	
	澆花	
	擦掉流出來的水	
	餵動物飼料	
	玩具分類整理	
	打開與關上零食桶	
	可順利自行進食	
6~7歲	把扣子扣好	
	拉上拉鍊	
	整理洗好的衣服	
	拔雜草	
	幫忙準備飯桌（放湯匙筷子）	
	用掃把掃地	
	綁鞋帶	
	洗澡	
	刷牙	

＊如果其中有一半都沒做到的話，請再重新檢視一次教養方式，並參考此表，增加讓
孩子自行嘗試的機會。還不會的事情，讓他們一件一件試試看，直到可以自行處
理。

阻斷孩子自律性的父母行為確認清單

	父母的行為	確認
1	習慣過度保護	
2	不太給孩子選擇權	
3	一直給指令	
4	幫孩子打掃房間	
5	經常餵孩子吃東西、穿衣服	
6	直接幫孩子準備好需要的東西，而不詢問	
7	孩子不在眼前就開始擔心	
8	孩子覺得困難的事情，立刻就告訴他解決方法	
9	孩子在製作什麼的時候，會幫助他做出更好的成品	
10	不給孩子自己玩或讀書的時間	

＊這主要是給3～7歲的學齡前兒童父母的確認清單。你符合幾項呢？如果有符合的項目，請努力進行改善吧！在確認的同時，父母也可客觀地省視自己。

自律性來自於信任

　　培養自律性的第一個核心是信任。請相信孩子，讓他們擁有自行嘗試的經驗吧！孩子過了2歲後，就會開始說「我來、我來……」試圖自己做。3歲後，自我概念開始發展，會更想嘗試各種挑戰。這時期，如果父母樣樣都幫孩子做，就會削減他想自己處理的意志，而成為依賴性強的孩子。

用餐時間看到孩子吃東西只有一半進嘴巴，另一半則掉滿地時，幫忙餵食對父母來說是比較方便的。畢竟孩子若想自行擦拭流出來的牛奶，搞不好狀況會變得更糟糕。雖然各位可能覺得，每件事情都由父母幫忙會比較方便，也省時間，卻可能會就此失去讓孩子學習並培養自律性的機會。

請先讓孩子自己試試看，試到一半不行而要求協助時，再幫忙也不遲。此外，很多父母會因為孩子還小、擔心他們，或是覺得不問也知道，而自行做決定。請務必在決定某些事情時，盡量先問過孩子的想法，並將其想法反映在決定上。孩子即使還小，仍有自己的想法，因此請問問孩子的意見，並給予他選擇的機會。這樣孩子會感受到被尊重，也會因為是自己選擇的，而更容易接受伴隨而來的結果，並予以負責。

比方說，幼稚園或補習班出課後作業，就可以讓孩子做選擇。是要先玩之後再做作業，還是先做作業再玩等。如果孩子選擇先玩再做作業，卻因為玩太久而沒能寫作業的話，請不用管他，讓他有機會對隨之而來的後果負責。由於作業沒做，之後被老師罵，這時就可以針對孩子的心情聊聊，或是討論若不希望再犯同樣的錯，下次應該怎麼做。

你必須讓他對自己的選擇所導致的結果負責。這樣他才會經歷挫折並解決問題，從中學習到能控制自己的自律性。

擁有自律性的孩子可發揮更高的能力

心理學家溫蒂・葛羅爾尼克曾針對兩種養育風格及孩子的動機進行研究。她先觀察媽媽跟孩子玩的 3 分鐘過程，並分成兩個對照組：A 組，給予孩子自律性的養育風格；B 組，幫助、指示或管束孩子的養育風格。

接著只讓孩子進入測驗室解題目。該結果顯示，A 組的孩子即使是困難的課題，也會試著自行解決，並努力到最後；B 組則無法自行解決課題，而且多半覺得挫折或直接放棄。

同時，B 組的孩子因為依賴父母，而持續需要協助；A 組的孩子則較專注，並在解題上相對愉快。像這樣，若能在日常中傾聽、接納孩子的意見，並持續為他創造能自行處理事情的環境，孩子就會在該過程中覺得自己受到尊重，進而學到自尊心、責任感、勤快與忠實。

教導孩子「好好」失敗的方法

　　人生在世，不可能所有事情都立於不敗、按照自己所想地實現。現實中，有時父母反而比孩子更害怕他們失敗。畢竟為人父母，誰不希望自己的孩子能幸福快樂。然而，如果真的希望孩子享有幸福人生，就必須讓他從小在仍受父母保護下，經歷大大小小的失敗並學會各種克服的技巧。這跟「給孩子魚，不如教他如何捕魚」是一樣的道理。

　　對孩子來說，失敗可說是一種禮物。藉由失敗，他可以學到耐挫力等調整情感的方法，並在解決應運而生的問題時，領悟到重新振作的方法，以此滋養自尊心的成長。

　　人生難免有失敗。所以，父母必須教導孩子好好失敗的方法。當然，在孩子遇到困難時，從旁協助是父母的本能，要他們教孩子面對失敗並不容易。但如果一直跟在孩子身邊，甚至在他還沒跌倒之前就把他拉住，這樣孩子將無法學會安全摔倒的方法，也無法得知跌倒時重新站起來的方式。如果孩子有完美主義或極度恐懼失誤的傾向，就更需要練習好好的失敗。

告訴孩子失敗的正面價值

多數人都害怕失敗，孩子也不例外。人人都渴望成功，而「不成功便成仁」的儒家思想教化我們更加難以接受失敗。但是，若能從正面的價值分析失敗，並且把它當成學習失敗必經的重要過程，應該就不會那麼害怕了。

失敗的英文是FAIL，我賦予這個單字新意：

First Attempt In Learning.
為了學習所踏出的第一步。

如何？只要這樣想，就知道失敗並非結束。我們可以把它看作是邁向成功的第一步。不管是孩子或父母，最好都能拋開對失敗的負面見解，並在心裡賦予新的、正面的意義。

失敗的瞬間可化為孩子專屬的幽默儀式。我的孩子在犯錯後，會用英文大喊「Oops！」然後全身搖晃地跳舞幾秒。這是她自創、在犯錯時可幽默帶過的儀式。

我在韓國學校擔任教師的期間，有個孩子每次犯錯，都會拍打自己的額頭說：「天啊。」可能是覺得這個行為很好笑吧，坐在周圍的幾個同學也會跟著說「天啊。」邊做同樣動作，之後全班一起爆笑帶過。

像這樣，透過自己專屬的儀式，在失敗的情況下轉換心情，

就能更輕鬆地度過犯錯或失誤。孩子會透過這些經驗了解到失敗可能在任何時候發生，而且不會讓隨之而來的負面情感持續太久。他們會學習到，雖然當下艱難，但終究會過去。

告訴孩子失敗是誰都會經歷的事

如果父母很優秀，姊姊或哥哥很傑出，孩子就越可能恐懼失敗。而且，孩子會認為媽媽、爸爸、老師之類的大人是不會犯錯的。如果希望孩子能自然地接受失敗，不妨跟他說說父母的失敗經歷，讓他知道，失敗不只有巨大、艱難的狀況，日常生活中也有大大小小的失誤，而且任何人都可能犯錯。

「今天蛋餅煎得不太漂亮。我在翻面時不小心弄破，結果煎出來的樣子不好看。但是味道應該還不錯吧？我下次再努力煎得漂亮點。」

你可以用這樣的方式，讓孩子理解媽媽也會失敗，但是沒關係，因為任何人都會失敗啊。孩子若在失敗時總像發生大事一樣，過度反應的氣氛中長大，日後會對失敗抱持更大的恐懼。

最好在一週內定下一天，專門練習講述失敗。可以聊聊這週犯下的錯誤或失敗、挫折的瞬間，以及如何克服、從中學到了什麼。同時，你也可以稱讚孩子願意重新挑戰的勇氣。還可在聊天時一邊堆骨牌或城堡，並試著讓它在一瞬間傾倒。或是跟孩子一起在網路上搜尋克服失敗的成功人士的故事也不錯。

順便一提，大學入學、就職的自我介紹或面試中，很常問到失敗的經驗。這是因為人們普遍認為，比起失敗的事實，克服失敗的方法更能展現你的態度或能力。

讓孩子有接受失敗情緒的時間

必須讓孩子有感覺與接受失敗時伴隨而來的不安、焦躁、絕望、吶喊等情緒的時間。孩子有了感受情緒的經驗，才能學習管理該情緒的方法。

有時孩子可能會想否認或迴避情緒，或是過於陷入其中而無法向前邁進。在這種情況下，要先讓孩子認知到伴隨失敗而來的情感，並學習將情緒控管至可脫離該狀況的程度（我會在〈第6章〉針對此進行說明），之後才能開始思考為什麼沒能隨心裡所想的進行、為什麼無法得到想要的結果。再進一步，則可想想下次可以用什麼不一樣的方法，並在該過程中學習。同時思考自己選擇的缺點，並考慮該為自己的行為承擔的責任。這個過程將會直接連結到自尊心的提升。因為思考自己做出的行為所產生的結果，能強化自我主導能力，進而培養自尊心。

不過也有怎樣就是無法接受失敗的孩子。這些孩子通常好勝心強，有完美主義的傾向，為了讓他們對犯錯抱持謙遜的態度，你必須教導孩子接受、認可的膽量，以及靈活的姿態。當然，這並非一蹴可幾，必須經過無數的練習跟經驗才能養成。

第6章

培養自我調節的能力

幼兒想要或是得不到想要的東西時，可能會哭鬧或耍賴表達，有時甚至會出現暴力舉動。父母若無法平息他的怒火，則會導致更大的問題發生。在這種情況下最需要的能力，正是自我調節。這是人的一生中非常重要的技巧，與我們日常的活動緊密關聯，譬如我們會遇到的各種狀況：排隊等待、克制買東西的欲望、選擇更健康的食物吃、遠離暴怒情緒等，而我們也會被隨之而來的行為、思考、情感所影響。這時你必須能夠調節迎面襲來的誘惑、矛盾、衝突，才能實現想要的目標，並邁向成功人生。

然而，調節能力並非短時間即可練成。特別是生活經驗不足的孩子，更難以調整自己的行為、思考、情感。不過隨著身體動作、認知探索、語言溝通、社會情緒、生活自理五大能力的發展，並且在各種環境中累積各式經驗，不知不覺就會越來越熟練自我調節。

調節能力必須像這樣經過長時間反覆練習才能培養而成。擁有自我調節能力的人，會透過理性思考調節自己的情緒或行動，進而做出理想的決定或達成目標。如果缺乏這項能力，孩子就只會追求瞬間的滿足感，被衝動思考或情緒支配，導致無法做出明智的抉擇，甚至反覆做出不良舉動而毀了自己，並且傷害他人。

自我調節能力跟前面提到的感謝、自尊心一樣，都是讓我們重新振作的力量——韌性的主要資質。本章將探討孩子該如何培養自行調節的能力。

如何應對各種狀況？

　　前面談到孩子可透過感謝培養正向態度，透過相信自己培養自尊心等方法。這次則要來了解自我調節的對策。

　　我們每天都會面臨各種狀況，而且必須應付這些狀況才能繼續生活。孩子也一樣。特別是在面對艱困、具挑戰性的狀況下，孩子容易失去平常心，做出衝動的行為，這種時刻就更需要知道如何安撫自己的行動、思考、情感，才比較容易克服失敗以及逆境。

　　這種自我調節能力，即配合各種狀況，適當調整自己身體、思想以及心靈的能力，也是韌性的資質之一。

自我調節能力發展過程

```
        情感調節
      認知調節
    身體調節
```

再更仔細地探討──對孩子來說，自我調節能力代表什麼樣的意義呢？

首先，身體調節不成熟的孩子在圖書館等必須安靜的空間裡，將無法降低音量，而以平常的聲音大聲講話，或是身體安靜不下來一直動、難以遵守順序排隊等。

有時也可能是認知調節不成熟。例如，孩子想把字寫得端正，卻不如己意時，腦子會輕易產生「我真是笨蛋」「做什麼都做不好」之類的想法。或是相反的，他可能認知到蛀牙太多，不能再吃糖果或巧克力，卻在飯後點心吃水果，也算是一種認知調節缺乏。

情感調節不成熟的例子則像是當朋友說「你不再是我的朋友了」時，因為無法處理悲傷情緒而崩潰等。對年幼的孩子來說，調節自己的身體、思考、心靈絕非易事。

新生兒也具備某種程度的自我調節能力。當他們肚子餓或不舒服時，會在大哭過後吸吮自己的手指藉以安撫，這也是控制情緒的本能之一。但高階的自我調節能力可經長時間練習來提升。自我調節能力會在孩子4～7歲上幼稚園時快速發展，因此若能在這個時期充分體驗及訓練，將來10幾歲、20幾歲也能持續進步，成為健康、幸福的大人。如果能從小就發展自我調節能力，過了青春期、進入成年後，也可輕鬆的運用。

自我調節能力會是孩子人生中非常有用的工具。若想好好發展它，該從哪裡開始呢？

調節身體：調節整體、呼吸、聲音

為了培養孩子的自我調節能力，比起眼睛看不到的思考、情感等，先從控制身體開始會比較有效果。只有當你能根據狀況或場所來調節控制你的身體時，才能真的做到平靜。你必須先懂得控管身體、控管情緒，才能控管你的思考。

身體調節的第一個階段，是讓孩子認知到自己的身體是可以調整的。也就是說，身體可以隨時間、場合、狀況做出相符的舉動。孩子的身體調節可依整體調節、呼吸調節、聲音調節等三方面來練習。

整體調節的方法

或許你會覺得「調整自己身體有什麼難的？」大人的身體畢竟已用了數十年，因此可無意識地調節身體，但孩子卻仍處於肌肉發展階段，所以常會出現身體與思考行為不符的情形。也因此有必要練習整體調節，像是四肢的移動、找到身體均衡，或是跑

一跑突然改變方向或停下等。有些孩子可能因為調節身體的能力發展不成熟，而過慢或過快移動，導致事故發生。

①「就地停止」遊戲

這是一邊放音樂，一邊唱著「愉快地跳舞，然後暫停」的凍結舞遊戲。美國的學齡前機構會為了身體發展而設計這樣的遊戲。孩子在這時會以定格的姿勢保持平衡，這項遊戲可以幫助他們建立正確坐姿外，也是上下樓梯時的必備技能。孩子必須專心聆聽音樂，並在音樂停下的同時培養調節身體的能力。

②「狐狸呀狐狸，現在幾點？」遊戲

孩子問「狐狸呀狐狸，現在幾點」後，鬼要回答幾點。說3點的話，就走3步，10點就走10步。如果孩子之後走到狐狸（鬼）附近，狐狸就會說「午餐時間到了」，邊跑出去抓孩子。遊戲中孩子必須仔細聽狐狸的指示事項、理解接收到的資訊，再讓身體配合資訊移動。

③「一二三木頭人」遊戲

大家應該很熟悉這個遊戲吧！小時候應該也都玩過。這個遊戲跟「狐狸呀狐狸，現在幾點？」一樣，孩子的大腦在處理歌聲或說話聲音傳達的資訊後，必須按照指示事項調整身體。

④紅綠燈遊戲

為了不被鬼抓到，在逃跑時感覺快被抓到時，就大喊「紅燈」，並維持不動。不是鬼的其他朋友碰一下後，就可以重新開始移動。如果要在身體活動的情況下瞬間停下，就必須懂得調節身體才行。

除了上面介紹的四種調節身體的遊戲外，也有課程可將孩子的身體狀況與顏色配對，幫助孩子理解。這個課程將身體狀況分成三種顏色區塊，並區分孩子的狀態。能量過剩時是紅區（red zone），沒什麼能量時是藍區（blue zone），能量適當時則為綠區（green zone）。

紅：當你生氣或太興奮而無法控制身體時，就屬於紅區。
藍：太睏、疲憊而躺在地上或靠在牆邊，或是因為難過憂鬱而垂頭喪氣、無法坐好時，屬於藍區。
綠：身體的能量處於適當值，而且可以端正坐好，並能冷靜走路時，屬於綠區。

若能讓孩子按照顏色認知自己的身體狀態，並幫助他持續練習到理想的綠區，就能提升他的身體調節能力。這個方法跟〈第6章〉最後談到的「情緒區塊」是相同的脈絡。詳細方法請參考185頁。

調節呼吸的方法

當孩子過於悲傷或生氣時，如果懂得調節呼吸的方法，就比較容易控制身體。此外，把注意力集中在呼吸上，就能進而緩解該情緒。大人會透過深呼吸讓情緒得以緩和，而孩子也有適合他的有趣方法幫助學習深呼吸。

①聞花香（吸氣）

把手掌張開給孩子看，之後指著五根手指，跟他一起想像共有 5 朵花 —— 可加上茉莉、杜鵑、玫瑰等孩子喜歡的花名，讓他聞聞花香 —— 將大拇指靠著鼻子，並深深吸一口氣。之後同樣將食指靠在鼻子上，深呼吸假裝聞香。讓孩子依序（中指、無名指、小指）做同樣動作，專心完成 5 次深呼吸。

改為聞花香的小活動，而非直接叫他們深呼吸時，孩子更能專心在吸氣上，且能吸得更深、更長。大力吸進氧氣可減緩心跳，這可以讓我們放慢思考、身體與心靈的腳步。

②吹蠟燭（呼氣）

接下來則是專心呼氣的方法。同樣將手掌張開，並把它看作是生日蛋糕。問問孩子幾歲，4歲的話就伸出4根手指頭，一起想像把蠟燭插進蛋糕裡。在吹蠟燭時，誘導孩子專心在吐氣上。吹蠟燭主要著重在呼氣，是跟聞花香一樣設計來教孩子深呼吸的一種有趣方法。

除此之外，還有讓孩子身體像氣球一樣鼓起來後吐氣、吹羽毛讓它飄在空中、轉風車等各式各樣的呼吸法。上述提到的所有活動都是有效的調節呼吸方法。深呼吸時大大吸一口氣後，氧氣會傳到大腦，並達到鎮定身心的效果。

調節聲音的方法

我們經常看到孩子用超乎必要的大音量講話。明明就坐在旁邊，還像要震破耳膜似地大喊，或相反地用含糊不清的方式說話，令人難以理解。聲音雖然也是身體的一部分，但畢竟不像手

腳一樣可見，在教導調節聲音的方法時，若能使用眼睛看得到的具體物品，將使孩子更容易理解。

　　美國學校常用的方法之一，是將聲音大小以數字具體化定義，數字0代表沒有聲音，數字1是竊竊私語，數字2是室內講話聲音，數字3是室外講話聲音，數字4則代表大喊。同時也會跟孩子說明符合各個數字的情境。

將聲音大小用數字具體化

聲音大小		情境
0	沉默	課堂中老師講話時
1	竊竊私語	圖書館、電影院等公共場所
2	室內講話聲音	在教室裡、跟旁邊的同學聊天時
3	室外講話聲音	在遊樂場玩、在教室發言時
4	大喊	告知危險時、緊急狀況時

　　聲音0，是課堂上老師在說話時不能發出聲音；1是去圖書館或電影院等公共場所時必須小聲說話；2是在教室裡或跟旁邊的同學對話時，日常講話的聲音。3是在遊樂場玩時，或是在教室裡發言時所要用的音量；最後4則可舉踢球當例子，當球往同學的臉上飛過去時，為了告知危險，可以用大喊的聲音讓對方知道避開危險。

　　你可以製作「聲音鈕扣圖表」，讓孩子根據情境移動鈕扣，

並練習調節自己的聲音發出 1～4 的大小音量。同下圖，在紙上用畫圖或數字標示，讓孩子可用眼睛看到聲音大小後，將一個鈕扣穿線，並將線的兩端貼到紙上。先想想符合情境的聲音大小爲何，再讓他們將鈕扣移到符合的位置。孩子看到原先看不見的聲音被具體化會覺得有趣，並且能更確實地學習調節聲音的方法。

我的聲音有多大

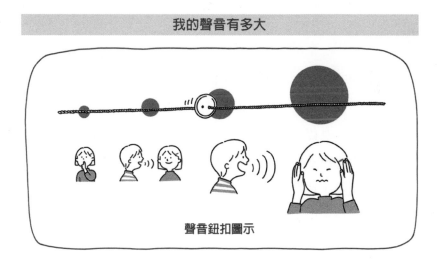

聲音鈕扣圖示

調節認知：
認知情況並思考解決方案

在教導身體調節的方法後，接下來就輪到調整思考的「認知調節」了。認知調節，是指孩子可正確辨別所面對的狀況，並以認知的資訊為基礎，建立並執行適當計畫的能力。這跟辨別認知過程的後設認知（對自我認知的認知）是同樣脈絡。

也就是說，整體會有以下四種過程。

第一，孩子要能在自身含有的資訊中找出並蒐集重要、必備的資訊。

第二，排除不必要或會形成妨礙的要素。

第三，理解蒐集的資訊。

第四，以自己蒐集的資訊為基礎，決定如何反應。

孩子若能像這樣控制思考，就能更明確地向他人表達自己的想法，除了身體調節外，情緒調節能力也會提升。

孩子必須練習看到某件事物後連結到該做什麼。比方說，看到博物館裡人們安靜走著，就應該意識到該場所不能大聲講話，

而且不能跑跳，並讓自己根據認知而安靜地走路觀覽。

這種事情對大人來說稀鬆平常，不需要特別練習，但對尚未累積豐富生活經驗的孩子而言，需要父母幫助他們理解自身所處的環境、獲取資訊。而為了將如此得來的資訊連結到行動，也需要充分的練習。

有些方法可以幫助孩子練習在各種情境與場所中控制思考並適當行動。美國精神醫學協會提出五階段，取各階段方法的第一個單字，稱作「IDEAL・理想療法」。正如字面上的意思，即「理想的」方法。

調節思考的 IDEAL 療法	
找出問題點	Identify
思考解決問題的方法	Determine
檢視想出的方法	Evaluate
執行最好的方法	Act
從經驗中學習	Learn

我將透過日常的案例，更仔細地說明 IDEAL 療法。

剛剛從幼稚園下課的道恩，在回家路上跟媽媽傾訴對同學的不滿。

「媽媽，我再也不要跟小玹玩了。他不是我最好的朋友了啦。拿黏土亂玩煩死人了。啊，明天不想去幼稚園了。」

Identify：找出問題點

　　首先要在孩子面臨的狀況中了解問題原因。認知調節的第一階段，就是從辨別問題點出發。

> **媽媽**：「我們道恩很生氣啊。幼稚園發生什麼讓你心情不好的事情嗎？」
>
> **道恩**：「我真的很生氣。小玹根本是貪心鬼。自作主張的把黏土都混在一起，說是怪物什麼的。結果顏色都變成大便色了。」
>
> **媽媽**：「所以是因為小玹把你喜歡的黏土顏色都混在一起變成別的顏色，讓你沒辦法做想做的東西啊？所以現在不想跟小玹玩了？」

　　從上述對話，可以看出道恩因為小玹生氣，而且平常喜歡的黏土也讓他覺得煩，導致他不想去學校。而道恩的媽媽則說「道恩很生氣啊（情感認知）」，並在該情境上了解孩子的情緒、重新回顧狀況，並且在知道雙方玩的方式不同後，說「現在不想跟小玹玩了（問題認知）」，協助找出真正的問題。

Determine：思考解決問題的方法

　　找出問題後，第二階段就是摸索出解決方案。在這個階段，我們不會只思考一種方法，而是尋找各種可能性，並腦力激盪出能夠解決問題的各種方式。當孩子無法自行提出解決方法時，最好給他提示，好讓他以別的角度審視問題。

媽媽：「所以你希望怎麼做？」

道恩：「我不要去幼稚園。」（方法1）

媽媽：「其他方法呢？」

道恩：「我再也不要跟小玹玩了。我要跟其他同學玩。」（方法2）

媽媽：「也是啦。你也可以去找其他朋友。那還有沒有其他方法？」

道恩：「這個嘛，我也不知道。」

媽媽：「你有跟小玹說你不喜歡他把黏土都混在一起嗎？」（方法3）

道恩：「沒有，我沒說。不想講。」

媽媽：「啊，你沒說啊。嗯……還有沒有其他方法？」

道恩：「我就直接請老師給我新的黏土好了？」（方法4）

Evaluate：檢視想出的方法

第三階段是將第二階段摸索出的各種方法一一思考檢視的過程。我們要觀察這些方法是否能解決問題，還是反而容易引起其他問題。並透過該過程推敲出最適合的方案。

媽媽：「你不去幼稚園不會太無聊嗎？」（方法1檢視）

媽媽：「你也可以跟其他同學玩，但是你之前都跟小玹玩得很開心不是嗎？」（方法2檢視）

媽媽：「道恩不說的話，小玹也不會知道你的想法或心情啊。如果你跟他說，小玹會不會就能理解你，也就不會把黏土跟其他顏色混在一起了？」（方法3檢視）

媽媽：「你可以請老師給你新的黏土。但是如果同學又把它們混在一起怎麼辦？」（方法4檢視）

道恩：「如果不去幼稚園，就沒辦法跟同學一起玩沙，我不喜歡，而且之後可能又會想跟小玹一起玩，如果一直跟老師要新黏土，也許之後就不會再給了……我看我明天直接跟小玹說應該是最好的辦法了。」（決定最好的方法）

媽媽：「對啊。這樣最好。」

Act：執行最好的方法

第四階段是在檢視可能的方法後，嘗試執行選出的最好方法。道恩隔天去幼稚園時，在娃娃車上跟小玹說話。

道恩：「小玹，你昨天在我們一起玩黏土的時候，把顏色都混在一起，害我都沒辦法做彩虹了。」

小玹：「啊，我嗎？我都不知道耶。對不起啦。下次玩黏土的時候，我會把你想要的顏色留下來，再拿其他的去做怪物。」

道恩：「謝啦，小玹。」

Learn：從經驗中學習

最後第五階段是在執行經歷一到四階段得出的方法後，了解孩子的想法如何改變、調節認知，並學習到哪些東西的過程。道恩放學後開心地跟媽媽分享。

道恩：「媽媽，我今天跟小玹說了。結果今天玩黏土的時候他沒有都混在一起，我就做了彩虹。」

媽媽：「太好了。所以你從這次學到什麼？」

道恩：「要把我的想法告訴同學。」

媽媽：「對啊。跟同學在一起的時候可能會有傷心的事情發生，所以有時可能會很生氣。但如果在那麼生氣的情況下，你做出的決定都不會是最好的方法。」

道恩：「對。我如果因為生氣不去幼稚園，應該會很無聊。而且如果不跟小玹說，他一定會把黏土統統拿去做怪物。」

媽媽：「是啊。這次道恩也是在稍微不那麼生氣之後，花時間思考出幾種方法，才找到比較好的方式，對吧！」

　　若能以上述案例的「調節思考的IDEAL療法」與孩子透過對話解開各種困境，將可提升孩子的認知調節能力。當然，現實中可能很難像這樣花時間冷靜地實踐。但重要的是，盡量將孩子被情緒支配而導致狀況分析錯誤的情形最小化，並從旁協助他們盡可能不被情感所左右，進而正確掌握事態。假如能將IDEAL療法的重要訊息放進大腦裡，孩子在面對問題時，就能不再慌張、動搖，而是能客觀、理性地應對。

調節情緒：學會辨別並調節情緒

　　新生兒也能感受到開心或傷心等基本情感，而且他們也有調節該情感的本能。隨著孩子長大，他們感受到的情緒種類或深度會更複雜。雖然孩子目前感受的情緒種類還不多，但在他們成長的同時，認知能力也會跟著發展，之後則一邊累積各種社會經驗，一邊體會到各式各樣的情感。

　　孩子有時也會感受到較爲陌生、激烈的情緒，這時候要察覺伴隨而來的身體變化並不容易。特別是處在自我中心的幼童，他們很難同理他人的情緒，也不知道如何應對，所以會比較依賴父母。也因此父母必須教導孩子調節情緒的方法。

　　情緒調節，是能辨別自己的情感並以健康的方式表達出來，以及能夠配合狀況調節的能力，而這項能力並非一蹴可幾。爲了能認識自己的多元情感，並配合情境以健康的方法表現出來，需要無數的重複、練習、經驗與鼓勵，才做得到。根據天生氣質不同，有些孩子會對自己的情緒較爲敏感，卻也有些孩子會因爲無法認知而做出莫名的行爲。

調節情緒有五階段。第一，先知道各種情緒；第二，認識自己的情感，同時也要懂得認知他人情感；第三，必須懂得掌握情緒的原因；第四，必須能接受該情感；第五，必須懂得用話語表達該情緒。

你必須先以上述五個階段為基礎，才能在最後學到控制情緒的方法。

學習情緒調節的五階段	
第一階段	了解情緒（辨別）
第二階段	認知情緒
第三階段	連結情緒與原因
第四階段	接受情緒
第五階段	表達情緒

第一階段：了解情緒（辨別）

人每天都會體驗到各種情感。從出生開始，我們就會在感受到各種情緒下長大，要能夠運用語言表達自己，最少需要一年的時間。孩子最先會透過身體、表情、哭泣等方式來表達情緒。也因此，一直到孩子能夠選出並說出特定單字表達感情之前，父母必須花時間引導他們認識情緒。

情緒是一種非肉眼可見的抽象事物，所以我們會透過人的表情或行為推論是何種情緒，並透過語言幫助表達，也就是將情緒命名、定義。例如，看到有人在哭，我們會聯想到並說出「悲傷」；看到雙手插腰瞪人的照片，我們會跟「生氣」做連結；在看童話書時，看到登場人物遮著眼睛或藏在某處的圖片時，會覺得「可怕」。

若以生活為例，假如客人帶著禮物來訪時，孩子因為高興而大叫，則可以跟他說「你這麼高興啊。」以下的情緒種類可用圖片展示，或應用有趣的遊戲做各式各樣區分情緒的練習。

①翻情緒卡片遊戲

你可以準備表達各種情緒的照片或圖畫，再把它們統統翻過來放著。也可以剪下之前雜誌或已經做過的習題上帶有表情的人物圖畫或照片利用。將這些卡片一個一個翻過來的同時，試著用一個單字描述圖片上的人物情緒。

②情緒賓果遊戲

家人可各自先在賓果紙上畫下表達情緒的臉龐，或是寫下幸福、悲傷、火大等情緒字彙。如果孩子年紀還太小，父母可以先幫他完成賓果紙再開始。先訂下賓果遊戲完成的規則，例如一行、兩行或三行連線就獲勝等。然後一個個輪流翻開情緒卡片，並用話語表達出現的圖片，如果自己的賓果紙上有相同的情緒，

就先畫掉。若最初設定是三行連線即獲勝的話,最先畫掉三行的人就喊「賓果!」並取得勝利。

你可以像這樣讓孩子知道有各式各樣的情緒存在,再將這些情緒命名、持續提醒,這將成為孩子認識情緒的第一步。往後當孩子實際經驗到這些情緒時,這些遊戲會幫助孩子將所經驗的情緒與之連結,進而理解。

透過這些過程,試著用話語表達更多元的情感後,孩子就更能辨識情緒之間的差異,之後也能更正確地表達自己的情感。此外,也能透過情感認知,退一步觀察該情緒,並選擇符合該情緒的合適行為。

加州大學洛杉磯分校心理學系的馬修·利伯曼教授曾發表研究指出,為情緒命名可減緩悲傷、憤怒、痛苦之類的重大情感。人一生氣就會活化大腦的杏仁核,而杏仁核的角色在於認知危險要素,並為了讓身體避開危險而給予生物學上的警告。然而,若將憤怒的情緒用言語表達時,杏仁核的反應會減弱,處理感情與抑制行為的前額葉皮質素則會活化。

也就是說,將情緒用言語表達時,會刺激思考的大腦(前額葉),進而減少情感大腦(杏仁核)的活動。因此能鎮靜情緒,並防止衝動的行為發生。

第二階段：認知情緒

　　如果第一階段是區分、辨別各種情緒，即定義各式情感的話，第二階段則是認知到自己正感受到的特定情感。之後會再向前邁進一步，辨識出他人感受到的情緒。

　　跟了解有各種情緒相較，察覺自己目前的情緒，甚至是察覺他人情緒等，是再更上一階層的能力。特別是對自我中心的孩子而言，了解他人情緒並不是一件簡單的事。因為他必須對他人沒有使用話語表達的情緒，根據那人的表情或肢體語言、行為進行推敲。

　　生活經驗尚淺的孩童，就連自己身體伴隨的情緒的變化也無法認知。例如，因為害怕而心裡撲通撲通跳，或因為緊張而胸口起伏等身體變化與情緒的連結。因此若是把隨情緒產生的身體變化賦予言語，就能自行辨別該情緒，並在下次感受到類似情感時得以表達。

　　如果希望教導孩子認識自己情緒的方法，父母最好先仔細觀察孩子的狀態，並用話語表達孩子的情緒。好比說，當孩子在溜滑梯上感到害怕而猶豫時，假如跟他說：「有什麼好怕的？不可怕啦。沒關係。下來吧」，孩子將無法知道那個瞬間感受到的情感叫害怕。

　　除此之外，由於父母不接受其害怕的情緒，下次又有類似的情緒襲來時，他將無法辨別，或可能費盡心思否認，或無法表

達。這使他無法學會辨識情緒，同時也讓孩子與父母在建立關係時產生不信任感。

若希望教導孩子認識自己的情緒，父母必須先正視、接受孩子的情緒，並適當展現出來。你可在日常的每個瞬間，將孩子的情緒用單字表達，幫助他們認知自己的情感。例如，看到孩子坐在溜滑梯上下不來時，可以跟他說：「你是不是覺得害怕，所以心裡撲通撲通跳啊。」你必須同上述在每個情境下用言語說明孩子的情緒，並與身體的變化連結，孩子才會意識到自己在該瞬間的情感。

在認識自己的情緒之後，接下來就輪到教導孩子認識他人的情緒了。這也代表培養他感同身受的能力。若能辨別他人情緒，就可減少產生誤會或矛盾，而得以與人建立正向的關係。

如果希望辨別對方的情緒，首先得好好觀察對方。你可以練習看肢體語言、表情、語調等，以推斷他人情緒。例如，假設遊戲玩一玩，看到輸的朋友雙手插腰、嘴嘟起來，就可以跟他說：「你朋友輸了遊戲所以生氣了啊。」你可以試著跟孩子聊聊，他人的表情或肢體動作含有什麼樣的訊息。

如同上述，父母在日常生活中用話語提點孩子，人的各種表情與肢體動作內涵的情緒，孩子就能在不知不覺間學會理解他人的情感了。

第三階段：連結情緒與原因

在哈佛醫學院主修神經精神科的丹尼爾·席格博士在其著作《教孩子跟情緒做朋友》提到，當你講述自己的情緒時，較能客觀地看待事情，而不被該情緒所左右。這個又叫作「命名馴服」，意思是為情緒命名後，描述該情緒周圍的事物，就可以更理解情境，並且透過分析還能進一步了解原因。分析自己的情感並了解原因的能力，也就是我們很常聽到的「正念」，也是身為父母的我們應有意識地思考與持續培養的能力。

大人也會在育兒過程、大環境下感到疲憊，這時若不坦白或省思，就可能連原因都不記得，而做出自己也無法理解的行為。情緒是很微妙、複雜的，有時一開始只是單純一種情緒，卻可能到後面衍生成複雜的情感。結果除了自己之外，也影響到周遭你愛的人。

既然情緒分析如此重要，那該如何與孩子一起開始練習呢？

首先，父母可以先跟孩子聊聊，在日常遇到的特定狀況中感受到的情緒與該情緒的原因。

「媽媽的朋友生日，所以約好週末見面一起吃午餐，但是那位朋友生病了沒辦法一起慶祝生日。本來想說就要見到朋友很開心，結果因為他生病取消了，讓我覺得好難過喔。我應該幫他做些什麼呢？啊，我想到了。既然多了一點時間，就親手做一下生

日卡片吧！」

　　像這樣，你可以展現媽媽也會有感到傷心的時候，並接著說明該情緒的原因，這樣孩子就會自然而然地理解，情緒也有所謂的原因。

　　第二，最好在孩子的日常生活中告知他們時不時感受到的情緒是什麼，並跟著說明原因。例如，假如孩子用積木堆高高的塔被弟弟不小心弄倒了，這時你就可以這樣說：「你因為堆得好好的塔被弟弟弄倒，所以對弟弟大叫了啊。努力堆的塔倒了當然會生氣啦。下次該怎麼做比較好呢？要不要試著在桌上堆，免得弟弟在地上爬來爬去弄倒了？」

　　不要把孩子生氣視為負面情感，而要同理並認可該情緒。接著說明該情緒的原因，同時提出解決方法。這樣孩子會更理解自己的情感，也會思考自己該如何應對。

　　第三，針對孩子沒體驗過的情緒，或當父母不在身邊時孩子可能經歷的情感，藉由邊讀童話書時，邊以登場人物的情緒為範例說明。比如「這時小熊的心情如何？如果你是小熊可能會怎麼做？」之類的方式。

　　除了書之外，也可以角色扮演或玩娃娃來說明各種多元的情緒，如此孩子會更加投入，學習效果也更好。當孩子學到許多情緒上的單字，並認知自己與他人情感，同時能連結到原因後，接下來就要在第四階段承認並接受該情緒。

第四階段：接受情緒

「生氣囉？」

「沒有，沒生氣。」

「你鬧彆扭喔？」

「沒有。」

「不開心喔？」

「沒關係啦。」

生活中經常聽到類似的對話。不開心也會說「沒關係」，生氣也說「沒有」……無法誠實地表達情感。人們怕自己生氣的話，凸顯個性不佳；鬧彆扭的話，凸顯心胸狹窄，殊不知這都是在欺騙自己，會這樣除了個人性格使然，也與社會風氣有關。

然而，承認情緒，正是情緒調節的開始。因此建議各位，應該教導孩子承認自己的情感。先不要讓孩子對各種情緒帶有成見，並且要讓他們知道，所有情緒都只是為了告知自我狀態的信號，是非常重要的存在。

情緒是在某種狀況下自然產生的現象。生氣、厭煩很常被認為是負面情感，所以當你感受到時，容易認定那是不好的。接著若只將這些情緒藏在心裡或忍耐，而非立即釋放的話，總有一天會崩潰爆發。

有時因為先天氣質，像是內向、完美主義的孩子，會無法承認情緒，也不想表露出來。這其實更危險。你必須先承認才能表

達，要表達才會試圖尋找安撫該情緒的方法。因此，所有情緒都是自然的，也沒有任何情緒是不好的，只需安撫情緒，並按照情況做出行動即可。

在教導承認情緒之前，父母應該先展現自己承認情緒的姿態。很多父母認為隱藏負面情緒比較好，因而在數十年的生活中忍耐、隱藏、不承認，這樣的習慣也不容易馬上改變。但請記住，看著父母學習的孩子也可能會有這樣的習慣，因此父母必須先展現自身認可各種情緒的模樣才行。試著跟孩子針對情緒無偏見地對話，並且要在日常中實踐（冥想或寫日記都有助於正視自身情感）。為了建立父母與孩子的關係、培養正念，承認情緒是必要的。

第五階段：表達情緒

每個社會表達情緒的方式不盡相同。西方人在表達感謝上非常自然，東方人則較為靦腆。特別是面對負面情緒時，人們大多看不見，或直往心裡藏、忍耐略過。此外，也可能在小朋友展露情緒時指責沒有規矩。

然而，如果抑制情緒表達，將難以達成健全的生活。父母應該與孩子相互自然表達各種情緒，並在排除對情緒的成見後對話。請讓孩子知道，媽媽也會生氣、會覺得煩，但這都沒關係，不是壞事。也請讓孩子知道，這些情緒終究會過去，並展現瀟灑

應對的樣子。請於情緒過大而需要幫助時，拿出情緒工具，展現調節的方法（參考192頁）。

有些孩子能輕鬆表達情緒，也有些孩子即使父母已經示範仍難以表露情感。各位聽過「好人症候群」嗎？好人症候群是指想被他人認為是好人，而無法誠實表達自己的情緒，並且會試圖隱藏負面情感，帶有順從他人話語的傾向。這種人會因害怕他人討厭、離開自己而感到不安，容易受他人左右。

若是這樣長時間抑制情感，成為大人後也無法主宰自己的生活，甚至可能罹患憂鬱症。如果不想孩子患上好人症候群，請先回顧一下目前的育兒風格。自己嚴格的教育方式是否讓孩子產生好人症候群，或是因為過度稱讚而將孩子關在「乖寶寶」的框框裡了。

如果孩子不善表達，可以嘗試搶答遊戲或情境劇。搶答遊戲是指由一人看情緒單字後，用臉部表情跟肢體表現該單字，其他家人則要猜出他表達的是什麼感情。情境劇則是像角色扮演一樣，創造情境，引出孩子平常可能感受到的各式情感。例如，假裝媽媽跟孩子是學校同學，而媽媽不小心把孩子的東西弄壞；或是其他同學都收到朋友的生日派對邀請，只有媽媽（情境劇中扮演孩子的同學）跟孩子沒收到邀請等。這時媽媽的表情或肢體最好誇張一點，讓孩子看到並感受到。

角色扮演能將情緒以話語之外的表情、肢體更具體明確地表達出來，所以頗有效果。還可額外獲得想像力、創意力、自信，

乃至語言能力的提升。若用孩子經常遇到的場景，並嘗試表現出表達情緒的台詞、表情與肢體的話，由於他們身體會記得，當再遇到類似的情況時就可更輕易、方便地表露自己的情感。

這時也可告訴孩子，描述特定情緒的單字並非只有一種，而且非常多元，也可能有其他情緒應運而生。比方說，當你游泳實力提升後進到高級班，心情好，覺得高興、欣慰，同時也會萌生興奮、緊張等各種情緒交織在一起。情緒激動時，就可用上述這些單字來描述。另一方面，想到暑假要跟同班同學分開，就感到依依不捨。這也表示，即便在同一狀況下，也可能同時覺得高興與惋惜。

最後，假使夫妻之間或家人之間經常用言語表達情緒，就能避開因微小誤會產生的摩擦，家人之間的關係也會更加深厚，有助孩子的情感健全發展。

穩定的家庭環境能使孩子更自由表達情緒。試著跟家人一起說「我愛你」「謝謝」「真感動」「真欣慰」等溫暖的情緒言語吧。每天都說比較不會那麼尷尬，也能累積日常的小幸福。

美國學校的情緒調節程序

　　如果都按照前面五階段做了，就可以來學習情緒調節了。美國學校在社會情緒課程中經常用到「情緒區塊程序」（The Zones of Regulation）。職能治療師利亞・庫柏斯在治療身體動作、社會情緒發展遲緩或敏感的孩子的過程中，看到許多孩子遭遇情緒調節的困難，便以認知行為治療為基礎，開發了這一套程序。我們在前面介紹過分成紅區、藍區、綠區，來培養孩子身體調節能力的方法，也是以這項情緒區塊程序為基礎設計的。

　　這套程序的核心是透過將孩子感受到的各種情感視覺化，幫助孩子自行尋找情緒的緣由，並調整情緒與行動。這並不困難。只要跟下頁表格一樣，將情緒分成四種顏色區塊，再告知說明即可。紅色代表生氣、興奮之類的極端情緒；黃色是厭煩、焦躁、不安等稍微激動時的情緒；綠色是不管任何活動都做好準備的平穩、開心狀態；最後的藍色則是沉浸在傷心、孤獨、憂鬱等狀態，既無能量又疲憊。

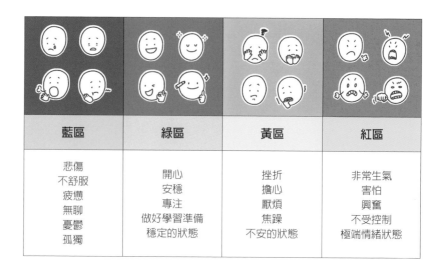

藍區	綠區	黃區	紅區
悲傷 不舒服 疲憊 無聊 憂鬱 孤獨	開心 安穩 專注 做好學習準備 穩定的狀態	挫折 擔心 厭煩 焦躁 不安的狀態	非常生氣 害怕 興奮 不受控制 極端情緒狀態

　　這裡要注意的是，並沒有所謂好的、壞的區域。我們的生活一直都存在著四種情緒區塊，只不過需要努力從藍區或紅區轉移到綠區罷了。例如，假設在圖書館讀書的孩子，聽到自己在美術比賽中獲獎的消息。這時孩子一定會因為太過開心，而進入想尖叫的極度興奮狀態，也就是所謂的紅區。不過畢竟身在圖書館裡，他必須控制這股情緒，必須從紅區轉到綠區，才能繼續待在這個場所。

　　然而，並非人在紅區就一定要調整情緒。假使是聖誕節早上，孩子起來後發現聖誕老公公放的禮物堆，一定會興奮地尖叫或蹦蹦跳跳。這時是個適合充分感受、表達開心情緒的時機，所以不需要特別調節。

　　下頁圖是美國學校中實際使用的情緒區塊案例。老師會在教

室布告欄上固定四種色板，孩子每天早上進教室時，就可將自己臉孔的護貝照片根據那天的心情貼到適當的區域。老師也會在上課點名時間：「你今天心情是什麼顏色？」讓孩子報到的同時回答問題。

上課時，如果有孩子躺在地上，老師也會說：「你身體在藍區了唷。看來是沒電了。要不要稍微加油一下，到綠區來？」或是體育課時對著安靜坐著的孩子問：「現在應該是要徹底把能量提高的時間，你可以把身體帶到紅區來嗎？」這就是在告知孩子，請他們辨別自己的情緒並調節身體。如此應用顏色，孩子就能將抽象的情緒視覺化，而更容易認知自己的情緒。

情緒區塊例子

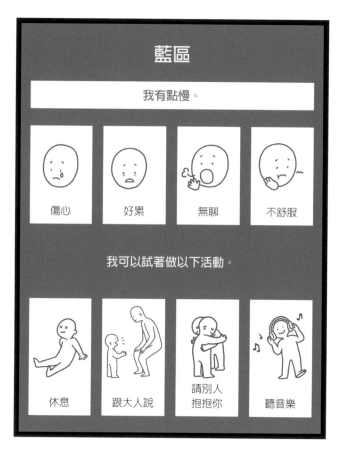

毫無能量、疲憊又垂頭喪氣的身體狀態，或是悲傷、憂鬱等情緒狀態，抑或是不舒服或無聊狀態等，都屬於藍區。知道自己的身體與情緒目前位在藍區是很重要的。因為這代表你需要休息了。這時可以跟大人說、請求幫助，或是聽愉快的音樂，以轉換心情。也可以做著自己喜歡的活動，努力移動到其他區域。

這個狀態下心情好、安定，所以可集中注意力。此狀態最適合學習，也就是在教室上課。若身體或情緒能量位在綠區，思考也會趨近理想，並做出正確行為，也會好好聆聽、學習，因而專心在學業上。除了教室以外，假使日常也能停留在綠區，應是為所有面向帶來最好結果的理想狀態。

黃區

我需要被關心。

擔心	不安	好煩	傷心

我可以試著做以下活動。

活動身體	喝飲料	走路	調整思考

在稍微激動的狀態下呈現的厭煩、焦躁、不安、調皮等皆屬黃區。
在遊樂場或玩遊戲時，孩子會開玩笑、調皮或各種胡說八道。在玩
或休息時並不一定要移動到其他區塊，但若在課堂中或是必須安靜
的場所時，就必須調整思考，努力轉換到綠區。

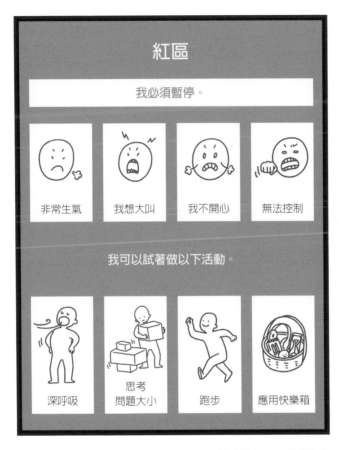

紅區

我必須暫停。

非常生氣	我想大叫	我不開心	無法控制

我可以試著做以下活動。

深呼吸	思考問題大小	跑步	應用快樂箱

除了負面情緒之外，太過開心而興奮的狀態也屬紅區。若因為生氣而情緒爆發時，就可能進入無法控制的狀態。假如孩子處於紅區，請幫助他緩解情緒的激動程度。這時若試著思考問題的大小，應該會有幫助。如果孩子跌倒導致膝蓋稍微破皮，比起說「沒關係～」，用「幸好沒摔斷骨頭，這點程度很快就好囉」之類的方式會比較好。

利用情緒工具轉換心情的方法

各位大多時候都希望將孩子帶到穩定狀態的綠區吧，那麼該如何吸引他們過去呢？我們可從路徑的英文「PATH」各取一個字母，整理成四種方法。

轉換心情四階段	
先暫停Pause	停下情緒驅使你做的行為。
辨識情緒 Acknowledge	了解自己的情緒。
思考 Think	思考什麼方法可以緩解自己的心情。
幫助 Help	找出思考結果，並執行幫助自己的方法。

在大部分情況下，當你情緒激動時，給予感官上的刺激後就可以冷靜下來。不過，即使對其他孩子有效，也不見得對自己的孩子有效。畢竟每個人處理情緒的方式天差地別。

你可以嘗試各種情緒調節技巧，並把對孩子有幫助的事物記下來，或是製作專屬的快樂箱，在裡面放進情緒工具，讓孩子自行調節情緒。快樂箱，是指放入情緒工具的箱子。而在極端的情緒下可幫助安撫的物品則稱為「情緒工具」，快樂箱就是將各種工具都收集在同一個地方。

如前述，每個人安撫情緒的方式都不一樣，即使是同一個人，當狀況、困難、身體狀態不同時，需要的情緒工具也不同。

因此像這樣將各種工具放在同一個地方時，就可以在需要時隨時拿出來使用。

快樂箱裡可放入的情緒工具如下：

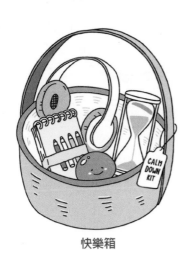

快樂箱

①**沙漏、冷靜瓶**（sensory bottle）：觀看沙漏中沙子流下來的模樣可鎮定心神。冷靜瓶則是在透明的瓶子內放入水跟油，再讓裡面漂浮一些亮粉或玩具，光是看著就能給心理帶來放鬆效果。

②**指尖玩具**：持續用手把玩的玩具。像是紓壓球、減壓玩具、擁有各種觸感的娃娃、指尖陀螺、按壓球等，觸摸的同時也可以得到鎮定的效果。

③**黏土、史萊姆或動力沙**（Kinetic sand）：這些工具可以給予感官刺激。孩子會獲得日常無法感覺到的刺激，並在投入的同時消除不安。

④**降噪耳機**：阻隔外界的聲音或噪音，幫助集中精神，找回心神安定。

⑤**美術用品**：透過蠟筆、紙張、貼紙、著色等美術時間，消除大腦與身體的緊張。創意性的活動可促進分泌多巴胺，進而減輕壓力。

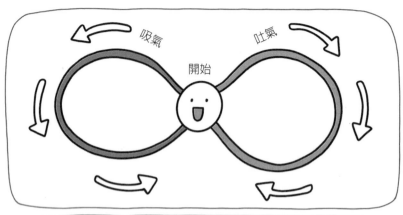

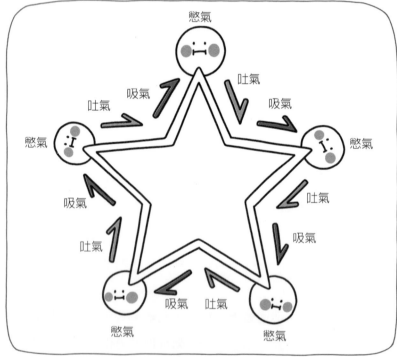

軌跡卡片例子

⑥**軌跡卡片**：軌跡卡片有各種圖樣。讓手跟著卡片裡的圖樣比畫，並深呼吸吐氣。也可利用吹動風車或吹泡泡幫助深呼吸。

⑦**柔軟的布偶或安撫娃娃**：可幫助提升安定感。

⑧**照片**：邊看照片邊回想美好的回憶，就可瞬間改變情緒。

⑨**書**：手指觸覺書或孩子最喜歡的書。可透過故事轉換思考或情緒。

⑩**棉被**：用彈性好棉被擔任包覆頭跟全身的角色。此外，厚重的棉被可藉由更深的按壓刺激，讓孩子有被擁抱、包覆的感覺。這種棉被可以減輕孩子的壓力，並給予安定。

　　如同〈PART 1〉提過的，美國幼教機構、小學常會在教室後面或角落安排「冷靜角落」，即一個用來撫慰心靈的空間。你可以像這樣在家裡打造一個冷靜角落，並放置快樂箱。

　　在冷靜角落裡鋪上柔軟的地毯，並配置懶骨頭等一坐就陷進去的柔軟座椅。再用四種顏色，將「媽媽牌（爸爸牌）情緒區塊」做成海報貼在牆壁上。最後在角落擺放孩子喜歡的軟綿綿布偶或玩具、喜歡的童話書以及快樂箱。也可以運用兒童都喜歡的帳篷來打造冷靜角落，重要的是，創造出讓孩子覺得溫暖、安全、舒適的環境。

RE**START**
RE**SILIENCE**

第7章

將耐挫力與生活連結

孩子隨著時間成長，活動範圍會不斷擴大，認識的人也會越來越多，可能遇到的難題自然也相應而生並且截然不同。從本書〈第4章〉到〈第6章〉介紹的ABC療法鍛練強化的韌性資質，正可以隨著不同的改變對應利用。

例如，在艱辛的情況下能抱持「感謝」，就能克服；在某件事情失敗時能發揮相信自己的「自尊心」，就能以「我做得到」的心情再次挑戰；處在沉痛的悲傷或極度的憤怒等情緒下，也可透過「自我調節」緩解並重新邁步向前。

每個人的性格不同，即使面對相同狀況也有各自的情緒和應對的方法。同時，每個人在面對不同的狀況時，也會有不同的反應和解決辦法。自然的，韌性、耐挫力的發揮也會因人因事因地而有不同。因此在變化莫測的生命中，孩子必須知道怎麼將耐挫力與自己所處的環境及周圍的人「連結」起來。儘管鍛練各種韌性資質很重要，但如果不知道怎麼活用就沒意義了，能將自己擁有的韌性資質連結到生活中，才是培養耐挫力的重點。

本章將介紹的就是能幫助孩子在持續成長、變化的生活中發揮耐挫力的方法。

與他人連結：
耐挫力的目標在於友好

　　人類是群居動物無法獨自生存，會在生活中持續建立關係是必然的。雖然韌性強的人獨立性高，能靠自己解決諸多問題並生活，但他們仍會有必須依賴他人、接受他人幫助的時候。

　　在學校可藉由背誦、理解，通過考試以成績證明自己的學習過程。但出了社會後憑一己之力即能得到成果的事情並不多，而是必須持續與他人協力合作，並在該過程中理解、同理、說服他人或讓他人理解自己，才能完成工作。然而學校卻沒有教我們如何解決這些人際關係產生的困難。

　　社交能力不是上幾堂課就能學會，卻可從與各種人的交流經驗中培養而得。生活中的難題可以發揮韌性資質而得以克服、擺脫，但當你無法只靠耐挫力重新站起來時，就可從友好的人際關係中獲得幫助。

　　難關並不一定只能靠自己奮鬥戰勝。若能與自己所處的團體及周圍的人建立深厚的連結，藉由這份信賴與輔助，可更輕鬆的

克服難關、向前邁進。想必各位都清楚，在艱難時刻有人在身邊守護，會從內心湧現出多大的力量吧。

正向心理學家馬汀・塞利格曼做了很多關於幸福的實驗，他曾在一項研究中指出，幸福度高與憂鬱度低的學生的共同點，在於他們與朋友及家人之間的關係穩固。那麼我們與世界、與他人的連結，這些發揮耐挫力的節點，是從哪裡開始的，又是如何開始的呢？

與父母的連結

孩子最先建立連結的人是父母、照顧者。他們出生後第一個見到的他人是父母，代表父母是他們的第一個人際關係。對剛出生的孩子而言，父母就是世界的中心，他們會根據以此連結獲得的經驗，在往後經歷的更大社會裡建立各式各樣的關係。

各位應該已知悉孩子與父母之間依戀關係的重要性。因此在這裡，比起依戀關係本身，我將更著重在父母的溝通之於依戀形成的關鍵——心理安定的建立，以及它如何影響孩子的耐挫力。此外，我也將探討如此形成的韌性如何連結孩子與他人，促使他們邁向健康、幸福的人生。

①父母的表情是發展的加速器

孩子會透過父母理解、體驗世界。孩子睜開眼睛後第一個看

見的他人即是父母，而他也是在觀看父母的表情下開始溝通的。表情會呈現想法與情緒，所以在語言溝通開始前，新生兒會先看父母的表情溝通情感，並從此開始情緒發展。出生一個月大時，他已能讀懂父母的表情，從觀察和模仿父母的各種表情中，進而理解、學習情緒。

發展心理學家愛德華特朗尼克博士曾研究過孩子對父母無表情的反應，又稱爲「面無表情實驗」。當父母面無表情時，孩子一開始會露出笑容或撒嬌，努力引起父母的正向反應。但當父母持續維持面無表情時，孩子就會開始逃避面對或打嗝，最後哭泣等，同時迴避父母。愛德華博士從這項實驗中證實，媽媽的笑容可使孩子感受愉快及安定，但面無表情卻會讓他們感受到壓力，並產生被稱之爲壓力荷爾蒙的皮質醇數值。

韓國的電視節目也介紹過類似的實驗。該實驗將玻璃底下設計成視覺懸崖①，並了解孩子是否能爬過去，而媽媽則坐在視覺懸崖的另一邊。這時如果媽媽笑著，孩子會毫不猶豫地爬向該視覺懸崖；相反的，媽媽面無表情時，孩子會開始猶豫，並在最後選擇不爬過去。

兩項實驗都指出，媽媽正向又開朗的表情對孩子傳達出「我是被愛的存在」，而這個感覺會成為孩子安定與自尊心建立的基礎。這會連帶提升對他人的信任，並成為孩子更有自信地邁向世

①註釋：研究人類和動物深度知覺的著名實驗。實驗者會設計一個左右半邊有高度落差的臺子，並在臺子上鋪一層透明玻璃，讓孩子或動物爬行。

界學習的助力。同時使他得以與他人建立更深、更緊密的連結。父母的表情正如同上述，會傳達出比言語更高層次的訊息。

那麼，難道父母與孩子交流時，總是得露出積極正向、開朗的表情，以培養孩子的韌性嗎？

若想建立良好人際關係，就需要溝通，而溝通必備的技巧就是語言。語言技巧尚待磨練的幼兒在開始說話溝通前，會透過表情來掌握他人的意思或企圖。他們會用表情來學習高興、傷心、憤怒、不安、厭惡等五大情感。就算孩子長大後可用言語溝通，最終在人際關係的建立上，看懂與理解他人表情的涵義，仍是十分重要的溝通要素。所以，媽媽若能配合情境展現各種表情，有助於孩子的情緒與社會性發展。

透過表情理解他人情緒或偶爾能分辨與言語不一致的表情隱藏的涵義，都是與他人建立更深人際關係時的重要能力。在人際關係中，感同身受絕對是不能忽視的一環，當你能夠分辨並用話語表達不同的表情涵義時，就更能感同身受。因此若能在各種情況中展示適當的表情給孩子看，孩子較能理解該情境下他人的情緒，並配合互動，與他人的連結更緊密。既然已知各式表情對孩子的發展有幫助，就要避免經常展現負面的表情。當然，孩子也有做錯事需要訓誡的時候，但請避免露出責備的表情，而要擺出堅決果斷的表情。

孩子最常與父母、特別是媽媽相處，他會透過媽媽的表情感受情緒，並藉此認為自己是乖巧或不聽話。如果媽媽在日常中跟

孩子共度的時光，或與他人交流時露出開朗正向的表情，孩子也會跟著模仿學習。

相反的，如果媽媽經常破口大罵、頤指氣使、高分貝說話……露出負面的表情，孩子在拓展社交關係時也會以類似的姿態對待他人。因此，為了孩子緊密的人際關係發展以及健全的情緒發展，父母應有意識的展現正向表情與孩子交流。

②父母的說話習慣會影響孩子的成長

父母的話也跟表情一樣，會給孩子的韌性養成帶來極大影響。嬰兒期，父母會透過表情、肢體、行動跟孩子建立連結，更大一點後，話語將發揮更大的影響力。相對的，孩子還在媽媽肚子裡就能聆聽並反映父母的聲音、話語，隨著出生成長與父母經歷最親密相處的時光，表情、說話、思考方式會越來越像父母。

幼兒期正是透過父母學習這個世界的階段。孩子會看、聽、摸、模仿等，學習諸多事物，是堪稱「語言爆發期」的學習語言的重要時機。這時候父母更要注意自己說的話跟語氣。

滿嘴負面話語的父母養大的孩子，會對世界抱持負面觀點；聽正向話語長大的孩子，則會以堅固的依戀關係為基礎，建立正向的自我。這表示平時父母的說話習慣有多麼重要。

同樣是正向話語，依據你的說話方式、語調或遣辭用句，孩子接收到的訊息可能不同。比起平淡的語調，孩子在各種聲調、好話、正向的話語中更能感受到被愛。在跟孩子對話時，加入感

嘆詞或稍微誇張一點的反應也有幫助。

　　通常在孩子進入兒童期後，父母正向的話語或充滿愛意的行為表達會逐漸減少。幼兒期常見的誇張反應、溫暖的安慰或稱讚也跟著消逝。進入學校後，學業跟補習班要顧的事情越來越多，比起溫情的對話，「做○○了嗎？」「作業呢？」「快去做○○」等命令句反而漸增。大人都可能在某人不斷指使下，變得更不想做了，何況是孩子。此外，如果一直聽到他人不斷指示，甚至會產生「為什麼不相信我？」之類的疑問。父母應發揮機智，用勸導或提問等非命令句的委婉用詞，來養成有智慧的說話習慣。

　　長成青少年後，孩子對父母的依賴急遽下降，並且越趨獨立，跟父母的對話也明顯減少。這時期父母更要特別努力，以防止對話的門從此緊閉。比起自己說話，不如多傾聽孩子的聲音，這個階段必須持續不斷地與孩子溝通。請尊重他的意見，並讓孩子知道，父母不論何時都站在他這邊，努力維持與孩子之間的連結。隨著孩子成長，與父母之間的連結也需彈性調整，孩子心理的韌性才會徹底扎根。

③父母與孩子的關係變化

　　孩子與父母之間的連結在開始很重要，但隨著孩子逐漸長大，這份連結會產生相應的變化，如果一直維持同樣的對待方式，就容易產生問題，能不能持續良性的連結攸關孩子的發展。

新生兒時期，父母必須高度警覺，要即時滿足孩子餵奶、換尿布、哄睡、沐浴等本能需求，透過理解孩子發出的各種信號並對應，以建立健全的依戀、信賴感與深厚連結。

　　幼兒期則需特別為了孩子的均衡發展而努力。父母要創造讓孩子發展認知、語言、身體動作的環境，並培養生活自理能力、告知行為對錯、教導作為社會一分子需遵守的規則等，透過這些孩子才能養成正向的自我概念。（父母的角色內涵照顧、管教、建構發展環境等）

　　到了兒童期，管教的角色仍持續，但必須往後退一步，聆聽孩子的想法，並給予認可及鼓勵。這時，父母是守護在孩子身邊的堅實支柱、鼓勵者，也是輔助者。而這裡還有一件事要做，即配合學齡期，提供課業上必要的各式經驗。

　　進入青少年後，孩子請求父母協助、依靠父母的頻率會降低，而且與同輩或其他大環境相遇的人相處的時光會變長。這時請承認孩子為獨立個體，並尊重其意見，當要解決問題或做重要決定時，請建立一個相互合作的對等關係。你必須幫助他與父母之外的人建立健全的關係，並找到與可依靠的周圍人相連結的方法。提醒他，在需要幫助時，應找到適當的人請求協助。如果能遇到影響人生方向、具決定性角色的人生導師，就再好不過了。

　　親子之間的關係必須隨孩子的成長過程調整改變，但有一件重要的事絕不能改變，就是你必須在孩子心底，扎實地種下「父母隨時都會守在他的身旁、站在他這邊、不管何時都可以依靠」等訊息。

朋友、社交關係

與父母的連結之後，孩子會逐漸邁向更大的社會。他將與更多人連結，關係的深度與型態也會漸趨多樣，如能在這些人際關係中獲得依靠、感受信賴與安定，就能更享受人生。但另一方面，卻也可能因為這些關係而承受壓力、感到焦躁不安，嚴重時甚至會陷入絕望。

小時候我們會透過依靠父母、從家庭獲得的力量克服困難，但在更大的社會裡遇到難關時，往往是從良好的人際關係中獲得力量而加以克服。特別是從兒童期進入青春期後，跟朋友、老師共度的時光可能還比父母多，且根據難關的不同，身旁的朋友或老師或許比父母更值得依靠。

綜上所述，孩子在離開家庭進入社會後，會與他人建立健康、緊密的連結，而這種人際關係中最重要的關鍵字即是溝通與共鳴。比起與父母之間的關係，他更需要另一層級的社交能力。雖然父母與子女之間也需要溝通與共鳴，但就算缺乏親子關係仍能持續，因為爸媽了解自己的孩子，也多半願意配合他。例如，當孩子表達的不清不楚時，父母仍會知道他想要什麼；偶爾做出難以理解的行為時，也會因為是自己的孩子而努力接受。

然而，離開家人後，在與同輩相處的過程中，缺乏溝通與共鳴的話，恐怕難以發展關係。由於必須懂得適當表達自我、理解他人想法、自行解決與他人之間產生的許多問題，因此需要更高

程度的社交技巧。

　　這些溝通與共鳴能力可利用前面介紹過的 ABC 療法培養。「感謝」可培養正向態度，「自我信賴」則能成為建立自尊心的基礎。正向且自尊心高的孩子能正面看待他人的話語或行為，也能尊重他人的不同，而這也能讓人產生感同身受的能力。此外，在與他人交流時，透過「自我調節」調整想法或行為，更能幫助溝通順利進行。

　　ABC 療法除了是順利的人際關係中必備的工具外，也是培養韌性的工具。如果能藉由這項工具與他人更緊密的連結，孩子不管遇到什麼難關與挫折，都能發揮強大的耐挫力。因為他們能根據潛在的能力以及與他人的良善連結，在日後接連不斷的試煉中過關斬將。

　　到這裡，你可能會好奇，在與他人的連結中，孩子具體可以獲得哪些力量。人際關係會隨著時間經過、孩子成長、努力與否、環境變化等持續改變。雖然與周圍的許多人建立各種關係很重要，但其中真正需要的是可以真心信賴、分享內心的少數人，或者其實一個人就夠了。這樣的人會成為贈予孩子以下三種禮物（3H）的存在。

　　心臟給的禮物（Gift of Heart）：**情緒上的幫助**
　　雙手給的禮物（Gift of Hands）：**實質性的幫助**
　　頭腦給的禮物（Gift of Head）：**資訊性的幫助**

美國許多需要組成合作群體的領域中，經常用到 3H 方法論。像是公司內群體、地方社會共同體、宗教團體、教員研修等，就會將這三種方法帶入人際關係中並強調，藉此強化連結或凝聚力。

　　生活中遇到難關與挫折時，孩子可從他人那裡獲得解決問題需要的資訊 (Gift of Head)，光是待在身邊也可獲得情緒上的協助 (Gift of Heart)，而且能獲得他人不分你我的實質助益 (Gift of Hands)。這三種幫助除了在人際關係上，對韌性來說也十分重要。或者我們也可以說，孩子與贈予其 3H 的他人之間的連結，就是韌性的核心。

與念書連結：賦予動機並設定目標

亞洲國家的父母對子女的教育幾乎投注了所有能量，堪稱教育狂熱。街頭巷尾到處可見補習班，以及成績導向的教育機構，使我們的孩子在學習上遭遇更多的壓力與挫折。孩子在充滿考試與評價的環境結構下，會遭遇更多挫折是意料中的事，甚至有孩子會因此在一瞬間就放棄學習。

父母的期待、朋友之間的競爭、考試成績，使自尊下滑、生活目標喪失；超乎想像多的作業與待閱讀量，幾乎沒完沒了。這些從學習中衍生的各種難關會動搖孩子的耐挫力，讓他忘了拿出潛在的韌性工具來用，甚至忘了使用的方法。

孩子為了戰勝學習這趟漫長旅途中遇到的各種難關，必須將韌性與學習連結，並持續磨練才行。畢竟大學、研究所並非學習的終點，出了社會之後仍需持續學習新事物，有時還得考取證照，增加學校裡沒能學習的其他技術或能力。人生的學習是永無止境的。

那麼在這段漫長的學習旅程中，我們該如何應用韌性、耐挫

力呢？

用鼓勵激發孩子的學習興致

有多少孩子知道自己喜歡什麼、擅長什麼，爲了開發這些能力而投資時間跟努力的？又有多少孩子知道爲什麼要念書、爲什麼應該擅長念書，而帶著目標或動機開始的？相信也有孩子覺得自己是學生，所以就該念書；或是想獲得父母的稱讚，抑或害怕被父母罵而學習。

跟著父母安排好的補習班行程，在下課後一間上完換另一間，龐大的作業量讓人產生心理負擔，也使孩子心裡盡想著「這麼辛苦的事情我一定要繼續嗎？」「我什麼時候才能盡情玩？」等負面想法。這是因爲沒有學習目標或動機的緣故。

首先，必須從認爲學習本身爲負面的、討厭的、辛苦的等意識中脫離。若能帶著動機設立目標，再一步一步往前，就會知道學習並不是那麼糟糕的事情。假使能如此改變想法，看待學習的方式也會不一樣。在改變的過程中，孩子可利用各種韌性資質，成長得更爲茁壯。

那麼，若希望脫離學習的負面想法，該怎麼做才好？都說孩子小時候的成績等同父母的成績，可見其中父母的影響有多大。學齡前教育、補習班、家教等，在父母早已安排的藍圖下，孩子被動接受教育並提高成績。這種學習的起步若非由自己主導，而

由他人指揮，能夠說是愉快的嗎？你必須讓孩子自己主導，並讓他實際嘗試建立讀書計畫。

當你在煩惱課後教育時，可先問問看孩子的意見。即了解他們對什麼感興趣、希望擅長什麼？如果他們沒意見，也可舉親近朋友為例，或給他們看影片，吸引他們的注意。假設認為學齡前就應該上藝術、體育類的課程，而一次讓孩子上一堆課的話，反而會有不良的後果。最好給孩子多種選擇，再一起挑選。

「○○會彈鋼琴耶，而且還會彈《生日快樂》歌耶。應該很好玩吧？」

「○○會游泳耶，聽說因為這樣他夏天去渡假村玩的時候沒有用泳圈喔！」

你也可以和孩子一起看奧運的影片，順便觀察他感興趣的程度。像這樣，讓孩子在日常中自然接觸，就可吸引他的注意力。

除了藝術、體育類，學業類也可以相似的方法接觸。例如，假設你認為上小學前應該要先學會注音符號，但孩子就只顧著玩，怎麼也提不起興趣，那就必須創造一個用得到注音符號的動機才行。

我的大女兒從 3 歲開始產生學習英文字母的欲望，她對寫字、讀字充滿興趣，也很想學習，但老么則是到 6 歲仍半點興趣都沒有。不過某一天，她看到姊姊用手機通訊軟體跟奶奶、爺爺傳訊，突然就說想學寫字了。在差不多同一時期，她的朋友也互相畫圖寫信給對方，而這種環境就會引起孩子的內在動機。

像這樣動機確定後，就會開始想學習，並在學了之後了解不懂的事物，進而感到欣慰與成就感，享受學習的快樂。如此，學習過程也會較為輕鬆。

若能用享受的心情學習，可提高神經細胞之間的迴路連結功能，並形成新的神經迴路。相反的，若掉進失望、絕望中，反而會活化抑制性的神經系統，對學習毫無幫助。換句話說，負面的思考會阻礙迴路的流動，正向的思考則會降低抑制性神經傳導物質的活性，並活化興奮性神經傳導物質。希望各位可以給予孩子適當的動機、打下良好基礎，好讓他們的學習情緒能以正向的態度發展。

設定 SMART 目標

孩子何時會因不安、困難而備感挫折？一定是付出努力念書卻拿不到好結果的時候吧！

國小6年、國高中6年、大學4年，若再加上幼稚園時期，孩子等於需經歷接近20年的學習時光。然而，過了20年之後進入職場，仍是無止盡的學習與測驗。我們在這個不知何時才能結束、名為學習的漫長旅程中，經歷的挫折遠大於成功。看起來總是很會念書、成功的孩子，在達到該成果之前，也勢必經歷了無數失敗。他們在跌倒無數次、忍耐苦痛，並持續挑戰過後，才抓住了勝利的獎盃。

如果用負面的情感面對這趟辛苦的學習之旅，硬是走下去，想必無法獲取多少成功經驗。因此，如同前面提到的，你必須被賦予有意義的動機，來建立正向的學習情緒。然而即使開始時動機良好，在漫長的學習旅程，仍會遇上不少難關。在只看結果的體制下，你經歷的失敗勢必要比成功多得多。但有個方法可以減緩這類的失敗感。

這個方法叫作目標設定。

學習必須有智慧地（SMART）設定目標，才能在艱辛的過程中克服難關。美國學校除了學生外，也針對老師強調「聰明地」設立目標。這叫「SMART目標」，意指若目標設定不夠「SMART」，只會落得動機消失，最後也難看的結果。若能好好利用這個「SMART目標」，除了學習外，在職場上也會大有幫助。

SMART目標設定方法	
具體的目標	Specific
可評測的目標	Measurable
可達成的目標	Achievable
有相關性的目標	Relevant
有時間限制的目標	Time-bound

①具體的目標

你必須具體知道想實現的東西，越具體越好。當你能具體提出目標時，較容易評估達到該目標前的過程。譬如，如果學習字母是目標，那「發音正確」只能算是較為模糊的目標。因為「做得好」是主觀的。故最好設定成「讀完26個字母」等較為明確的內容。

②可評測的目標

達成目標的過程必須是可評測的。如果在實現目標前的過程無法評定，就無法得知自己是不是正朝著目標前進。假如目標是「努力學習字母」，則無法測定。畢竟「努力」的標準太模糊了。「一天讀15分鐘」，才是比較正確的目標設定。

③可達成的目標

雖然目標有挑戰性很好，但切忌好高騖遠。最好不要把目標設得太低，但太高的話也容易打擊士氣，導致迅速失敗。建議可在挑戰跟現實中取得平衡，設定孩子可達到的目標。好比說「一個月讀100本書」對學齡前的孩子來說根本不可能。若是「每天讀一本書」，就比較適當。

④有相關性的目標

目標可分為短期目標與長期目標。若把每天、每週的目標集中在一起，就可以描繪出 1 年、5 年，甚至 10 年後自己的樣貌。當短期目標與長期目標有相關性時，就可引領我們往更大的目標前進、實現。綜上所述，各個目標之間必須有相關性。當你能建立這種結果導向的目標時，就可再度成長。

例如，假設今年的目標是「學習字母」的話，應該會有像讀寫字母、讀寫簡單單字、閱讀字數較少的童話書等，與此相關的適當短期目標。那麼「自己閱讀家裡的童話書」就等於跟學習字母的最終目標有所關連；但若是「不看書說出故事情節」，就跟這個目標比較沒什麼關係。

⑤有時間限制的目標

最好為目標訂定時間。如果沒有所謂的期間，即使孩子為了目標努力，也可能莫名變成長期奮戰。盡量不要抱持「之後再做也行」的心態。若能設下期限，就能好好觀察孩子的學習過程，掌握變化與發展。所以，假設定出「在寒假兩個月期間學習字母」之類的目標，將對建立時間或日常作息有所幫助。此外，你也能從中建立較為短期的目標。

若能照這樣設立 SMART 目標，接下來就輪到改變思考了。

改變對念書的刻板印象

很多孩子還小的時候跟父母的關係好，一跨入學習或進到真正開始讀書的階段就跟父母疏遠。念書讓親子關係產生隔閡，絕非言過其實。但我們不應該將念書視為障蔽，或是需要跨過的欄杆，而應轉變想法，將其視為是一起向前邁進、人生的摯友，或是幫助自己度過豐富人生的養分。

「快做○○」「你拿幾分？」「為什麼錯了？」等有關念書的嘮叨，只會讓你跟孩子的關係漸行漸遠，對他的學習也沒半點幫助。如果要父母說才做，孩子就無法自主學習，也會討厭讀書。即便有想念書的心，也會在這個過程中被消磨殆盡。

如果希望孩子對念書的印象轉正，並抱持正向的讀書態度，父母就必須先改變自己對待學習的態度。應將自主性留給孩子，不該拿考試結果或分數來指責他。如果父母過於注重成績，孩子也會執著於這部分，不管自己多努力，都無法脫離自己落後他人的想法。這將導致他難以對辛苦努力的成果感到欣慰，甚至更討厭念書了。

如同前面提到的稱讚法，希望各位比起結果更重視努力，且認可該努力。請告訴孩子即使答錯題他的知識也在持續增長中，錯誤不是失敗，反而是將不懂之處徹底學會的契機。

美國學校在學生答題錯誤時不會標示 X。X 給人一種「不對」「你錯了」的感覺。因此當學生答錯時，他們會標示正向的

圈圈而非 X，意味著要你再看一次。藉此我再補充一點。當孩子錯誤時，第一次先標示圓圈，讓他再解一次。當重新解題後答對時，就可以在圓圈裡畫上眼睛跟嘴巴，變成「幸福的臉龐」。

相反的，當再次答錯時，就把眼睛畫得大一點。意指要他眼睛張大一點，重新再看一次。之後再重新解題後答對的話，就讓孩子親自畫出幸福的臉。可以給臉戴上帽子，也可以畫上緞帶、加上頭髮等。甚至可以透過裝飾品或髮箍等，完成更有個性的幸福臉龐。這樣比起將答錯視為失敗，更能將其看作學習的機會，且若能重新以正向態度看待，也能確實減少挫折。

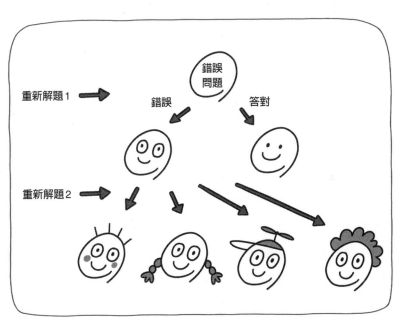

將犯錯視為學習機會的評分方式

一起念書的重要性

很多人會說書就該自己念。某種程度上沒錯，但其實也可說是「既分開又在一起」。各位應該都聽過「你讀到的東西是要送給別人的嗎？」之類的話。然而，念書的確是拿來送給他人的。或者應該說，你必須把讀的東西送給別人，自己才能做得更好。如果可以把知道的跟朋友分享，就能將自己的概念整理得更明確，最終讓這些都成為自己的養分。

我的孩子在美國是讀實驗學校，而非一般學校。這裡比起老師單方面教授訂好的標準教育課程，主要是將需要教的概念專題化，並盡可能吸引孩子參與。學校只傳達最基本的教育內容，之後便將課程內容與生活結合，以較為實際的教育為目標。

好比說，若要學習海洋生物，就讓孩子各自挑選感興趣的動物，並讀相關的書、塗寫或製作圖畫，也前往水族館實地學習。在專題結尾階段，孩子要針對目前為止自己學習的動物書寫報告，並且所有孩子都要對自己學習的動物進行發表，再互相學習。老師在其中擔任輔助角色。可提出更深的問題，引導孩子批判性思考，或透過補充探討應知道的內容。

在學習美國歷史時，會搭火車到偏遠地區參觀博物館或古蹟進行教育。每年全校師生都會跟他們的家人、老師及老師的家人去兩天一夜的露營，這時所有的行程或計畫都會由孩子主導。孩子會在學校先合作練習搭帳篷、開會決定吃什麼食物、計算這麼

多人要吃的話需要買多少分量、收取預算金額，並親自前往超市購物。他們也會親自安排露營的登山路線、準備才藝表演。露營時，高年級會親自煮飯，低年級則負責收拾，讓所有孩子都可以參與。老師跟家長只要負責開車即可。

此外，一、二年級會在同一教室、三～五年級在同一教室，以混班的形式學習。有些父母會問：「一年級或三年級時跟高年級的學生一起學習會有幫助，但上了二年級或五年級之後，應該會有點不利吧？」會這麼想很正常。不過，高年級跟低年級的學生一起念書，其實好處非常多。首先，用維高斯基的鷹架理論簡單回答的話，孩子若幫助比自己年紀小的孩童，在重新教導的同時，可將已經知道的概念基礎打得更扎實，並發展出新的能力。

同年級生上課時，動作比其他同學快或較積極的孩子在發揮領導能力後會更為進步，但速度稍慢或較消極的孩子，則不容易得到與培養領導能力的機會。畢竟動作快又積極的孩子都會事先行動。不過若不同年級在同一個教室上課，動作慢或消極的孩子，自然也可擔任領導人的角色，進而獲得培養能力的機會。這樣就可同時提高自信心、自尊心、自我效能、社會性、彈性等。前面也提過，這些要素都是韌性資質。

混班最大的好處，在於能夠真正學習這個世界。出社會後，我們會在年齡、經驗、能力各自不同的環境中與人交流、理解他人，並且表達自我。我們家老大從幼稚園開始就在這間學校就讀了6年。她在就讀該學校的期間，會配合更小的同學說明、幫助

他們，以此累積學習經驗，甚至我們老么有問題要解決時，更常找她的姊姊，而不是找我。姊姊的解說可比我好上百倍。

升上 6 年級之後就轉往公立國中了。從實驗學校轉往公立學校，讓她一進教室沒有半個認識的同學。但在教同學製作 PPT 的方法，並親切的說明不懂問題的同時，跟新同學很快就混熟了，每個學期的學分也都得滿分 4.0。原先不喜歡站在他人前頭，個性比較消極，不太上臺報告的她，在這方面真的進步很多。

我在哥倫比亞大學就讀博士班時，正擔任全職教師，書跟論文根本讀寫不完。在美國研讀博士課程的學生，特別是主修教育的人，很多都有正職工作，尤其擔任研究員，或像我一樣在學校擔任教師的人不少。因此博士生們會聚在一起分配閱讀書籍，並在各自整理重點後分享、研讀。

這種合作念書的方法，即使在學校畢業後進入職場，也是必備的能力。即使你是自己工作，最終也一定無法完全自行處理，而需與同事合作才能完成。念書不只是在學校而已，它是吸收新知、了解不懂部分的歷程，也是生命持續不斷的旅程。因此，念書其實是「既分開又在一起」的，透過分享會更有效率。

念書環境給予的力量

最後，念書應該要在哪裡念比較有效果？你是否認為，念書一定要在安靜的房間、教室，並以端正姿勢坐著才行？我們是否

只能在無妨礙的安靜空間念書？

　　若在無一絲微風吹進、安靜的狹窄空間中持續受刺激，人類的大腦會無法好好處理事情。大腦功能下降後，注意力無法集中，導致記憶力也跟著衰退。此外，人類的身體如果不活動，體內的感覺會朝負面發展，使壓力倍增。而為了讀書占位子，也是一件讓人感到壓力的事。

　　為了讓大腦能好好發揮功能，你可以到戶外曬曬太陽、吹吹風、散步，讓身體動一動，運動的同時可讓念書更有效率。我在哈佛就學時，除了下雪的冬天，特別是在秋季學期初，經常看到在校園草地上曬太陽念書，或是在樹蔭下拿出筆電寫報告的學生。在前往中央圖書館的階梯上，也有許多學生會坐在那裡看書，為了避開這些人，我還得在階梯上彎彎繞繞。圖書館內也四處設置了舒服的沙發，所以我也曾躺在這些沙發上睡覺，之後再起來讀書。比起因學業而被壓抑在密閉的空間裡，不如聞著青草香氣、吹著微風讀書，既能減輕壓力，更能提高念書效率。

　　不少家庭會以「客廳學習法」的名義，讓孩子在客廳與家人共度的空間裡學習，雖然敞開的環境讓人容易分心，但有家人陪伴比較不孤單也因此能更專心念書。念不下去時，還可以跟父母或兄弟姊妹聊聊，稍微休息一下，有不懂的地方也能互相詢問、依靠、幫助，比起關在房間獨自學習，效果反而更好。

　　哈佛大學或哥倫比亞大學圖書館儘管有隔板閱讀區，但挑高天花板與打通空間的廣闊桌位更受歡迎。因此在期末考時期，想

要占到位子，就必須一早在圖書館開門時就來。我在有隔板的位子也會覺得有點喘不過氣，在開闊空間裡不僅心裡安定，念書效率更好。

期末考期間，除了圖書館之外，學校的運動中心也人滿為患。這代表特別需要專注念書時，學生也更常運動，這顯示出念書與運動之間緊密相關。

與運動連結：一邊跑跳一邊學習

　　現今的孩子出去玩的時間與運動量實在少得可憐。大家都知道運動不只是身體，也是精神健康的根本，卻因為各式各樣的理由而難以堅持。

　　進入國小後，以國英數為主的補習班行程被視為理所當然，甚至因為空氣汙染而使戶外活動備受限制，這些都剝奪了孩子自由在外奔跑玩耍的機會。此外，科技的發展使孩子不管念書、休息或是玩耍時，都離不開平板或電腦等電子設備，又使活動更加受限了。

　　鼓勵孩子活動可幫助他們提高韌性。接下來將探討，運動如何幫助韌性提升，且如何連結到孩子的生活中。

運動對學習的影響

　　首先，運動可以守護孩子的健康。活動時會消耗卡路里，勢必能讓孩子養成吃好睡好的健康生活習慣。透過持續運動並養成

良好生活習慣的孩子，日後長大也會繼續維持，並成長為健康的大人。肌力運動也可讓骨頭結實，有氧運動則會促進大腦活躍，提高記憶力跟注意力。

許多研究證實，運動有增進學習能力的效果。美國學校課程有引導孩子活動的內容。我們會在課堂中打開教室的門，讓孩子出去跑到運動場最後面再跑回來，或是在教室裡跳躍、稍微跳跳舞，來活動身體。有些父母可能覺得如果要讓孩子運動，就必須送他們去上訓練班，但其實去遊樂場或公園玩，也是一種運動。

運動除了學習外，對情緒也有幫助。它在提高大腦內的血液循環後，幫助荷爾蒙維持平衡，因此心情會跟著變好。大腦血液循環好，將有助於創造及輸送多巴胺、血清素等神經傳導物質。心情因為這些幸福荷爾蒙變好之後，就能減輕壓力，感覺更愉快。這樣的正向情緒會幫助你跟周圍的人建立關係，也能提升學習效果。

最後，運動也可加強自我調節能力。如同各位已知的，運動後比較好睡，食欲也比較好。當人經過充分休息後，注意力會提高，在解決問題上也較有判斷能力。此外，我們可藉由運動提高專注、減少衝動。做有氧運動時可活躍大腦，使腦內啡數值升高，進而減少壓力，讓心情愉快。

這些益處都可轉化為韌性資質。運動除了可讓身體變好外，精神上也會變健康，面對考驗的態度也會變得不同。請別忘了，透過運動得到的力量，將使你即使遇到挫折，也能重新站起來。

那麼若希望孩子持續運動，應該怎麼做比較好？

讓運動成為日常

與其強迫孩子運動，不如先讓他對運動產生好印象，主動產生關注。同時，讓孩子定期活動身體、開拓解壓的道路、讓運動成為日常，也是父母應盡的義務。

若從小就運動、累積正向經驗，將來運動時，身體會帶你回憶起欣慰有趣的回憶，或艱辛但透過努力忍耐後得來的激動瞬間。而且孩子在成長過程中遇到壓力或挫折時，就會知道可透過運動來健康解壓，並實際執行。

為此，父母必須先在日常中展現持續運動的模樣，讓孩子知道運動除了有益健康外，也是很有趣的事情。為了讓運動成為日常，以下整理了10種技巧。

讓運動成為日常的10種技巧

①從孩子感興趣的運動開始

為了讓孩子對運動抱持正向想法，請在無強制性的情況下，以正面的心態展開，幫助他們擁有愉快的經驗。

②父母必須在日常展現持續運動的模樣

不管是好是壞，孩子都會看著父母的生活習慣跟著學。若父母能展現運動的模樣，孩子自然也會更願意運動。試著尋找家人能一起做的運動吧。

③一週排三次運動行程

假如沒有時間，比起一週內做一次、兩次，或只在週末運動，不如在平日安排三～四次，並每次做到 30 分鐘會比較有效果。能日常持續運動的話，就會逐漸養成良好的習慣。

④若孩子討厭運動，先增加他在日常中活動身體的經驗

比起一開始就從事特定運動，最好先從走路去學校、幫忙洗碗或洗車等開始，讓身體增加活動的經驗。想要更有趣一點，也可以在吃完晚餐後，跟家人一起玩活動身體的遊戲或跳跳舞。

⑤找出孩子偏好的運動

孩子必須樂在其中才能持續。如果他一開始不感興趣，可以利用較爲親近的朋友，引起他的關注；或是讓孩子看到父母開心運動的模樣，或是透過媒體呈現出各種運動吸引他感興趣，並提供多元化的選擇。

⑥累積團體運動的經驗

幼兒期若能從事足球或籃球之類的團體運動，將有助於社會性的發展。孩子會在團隊裡學習規則、相互提出意見並想出折衷的辦法，同時學習與同輩相處的方法。此外，在團隊運動中，孩子必須互相合作，獲得信賴及信賴他人。他們會經歷為了共同目標努力、忍耐的過程，並一起克服失敗的挫折，熟悉乾脆接受勝敗結果的運動家精神。

⑦適當調整使用媒體與電腦的時間

過度使用媒體會讓孩子懶得動。建議定好一天使用30分鐘到1小時的時間。然後在選擇遊戲時，若能應用動到身體的遊戲，即使孩子不喜歡運動，也能投入遊戲中跟著做動作。

⑧送運動相關用品當作禮物

送腳踏車、足球、網球拍或泳衣等給孩子的話，可以引發他們的動機。你可以讓孩子親自挑選運動用品，或透過智慧型手錶或各種運動APP管理運動，增加他們的動力。

⑨利用比賽或獎勵

一家人一起玩跳繩或原地跑步之類的活動，然後比賽誰做得多，過程會更有趣。此外也可寫下各自的紀錄，並讓進步最多的人獲得贈品，相信也能幫助產生動機。

⑩室外活動

　　有時或許會不得已只能留在室內，但運動最好盡量到戶外，曬曬太陽、吹吹風。家人一起走步道、騎腳踏車，或週末去郊遊登山都不錯。

與自我連結：了解自己，享受生活

要理解自己，必須在平時就努力認知、反省。這其實也是最難的技巧。此外，自己也可能隨著時間不斷改變，因為必須經常審視內心，透過冥想或寫日記等，掌握認識自己的時間，才能將韌性與生活連結，進而運用。

了解自己，是指知道自己害怕什麼、覺得什麼辛苦，懂得自己擅長與不擅長的事情、喜歡或討厭的事情，同時認知當下的情緒，並理解自己的狀態。這就叫作「後設認知」。如果能如此審視自我，就能正視壓迫、折磨自己的事物，並掌握問題點。你必須先認知到問題，才能加以解決。

找到讓日常變幸福的興趣

當你觀察韌性強的人時，會發現他們的興趣很多樣。若能了解自己喜歡什麼，並作為興趣持續接觸，就能為自己再充電，而且當你熱中於某件事情時，會忘記其他困難。此外，你還能透過

興趣跟其他有共同點的人有所連結，而這個新關係或許能成爲你的依靠。擁有同樣興趣的人較容易產生共鳴，因此能感受到歸屬感、團結，如果再一起做什麼事情，成就感就更高。跟喜歡的人在一起時，我們會聊天聊到忘記時間，或全神貫注在參加的活動上。休閒活動一向能讓人建立緊密關係，並產生提高韌性的正向結果。

舊金山州立大學曾發表研究指出，從事與工作無關的休閒活動，人的血壓、憂鬱及壓力會呈現較低的數值。當你從事愉快的活動時，會連結更多健康的細胞，在創造大腦新的迴路後，就可促進幸福荷爾蒙──多巴胺的分泌。

孩子也可透過各種經驗找到興趣。如果你發現孩子原本總是散漫、不專心，卻在做某件事時，比其他活動更專心、持久，就可以將這件事當作興趣，若持續鑽研，甚至可以變成專長。如果孩子尚未有這類興趣，請試著讓他經歷各種體驗吧！運動、美術、音樂、博物館、圖書館、體驗學習，甚至是毫無計畫就出發的旅行，都會讓孩子獲得靈感，進而發現自己感興趣的事物。

你可能會認爲興趣應該是剩餘時間的閒暇活動，但日常越是忙碌、辛苦，就越應該要有喜歡的事物。因爲興趣可說是人的肉體、精神健康，甚至是韌性的潤滑油。就像時間到了要吃飯一樣，請務必將興趣排進日常的行程中。

除了孩子，父母最好也從事休閒活動。如果沒有興趣，也推薦學習新事物。嘗試新東西、見見新朋友，這可以給我們暫時遠

離折磨自己事物的機會。同時，在學習新事物時可以轉換思考。當學習新事物並熟練後，就會在某個瞬間發現樂在其中的自己。

在學習自己喜歡的事物時，不僅內在動機強，在接觸時也會更開心。因此可自然而然地放下艱辛的狀況或壓力。

發現自己也不知道的自己

如果說到自己喜歡什麼、想做什麼、擅長什麼時，腦海裡一片空白，不妨拿出紙張嘗試寫下來。即試著思考，平常好奇的東西、媒體或書籍等其他人享受的事物中，是否有能刺激自己好奇心的東西。也可想想別人對自己的稱讚。你不一定需要有擅長的東西，畢竟喜歡並不代表擅長，但因為喜歡而經常做的話，也可能變得擅長。當你喜歡某件事情而去做時，也不一定要擅長才能獲得滿足感。當你做喜歡的事情時，覺得心情變得平靜、並感受到正向情緒，其實就夠了。像這樣寫下來，然後在其中探索可能成為興趣的事物吧。

人在行動前會先思考「我喜歡這個嗎？」「我做得到嗎？」等才做決定。若從未有過經驗，也會問周遭有經驗的人：「做起來如何？」雖然在開始某件事情之前，有必要考慮優缺點，但從別人那裡聽來的經驗到底是別人的經驗。你還是必須親自體驗，才能發現是否能夠樂在其中。因此不用先太過武斷，或是太過重視他人的意見，請直接探索各種活動，並親自體驗看看。這樣或

許能在不知不覺中，找到樂在其中的自己。

那麼討厭或覺得自己做不到的事情，又該如何處理呢？

首先，若是討厭或做不到，可以先反問自己為什麼不行。人都會有不喜歡或做不到的事情。也不可能會有人喜歡並擅長所有事情。然而問題在於，有些事情即使你討厭或是做不到，卻還是非做不可。

如果你討厭或做不到的事情不是很重要，那就擱置它。想要統統做好、盡善盡美只是奢望。讓自己操個半死，最後卻只是白費力氣，勞而無功。反之，若是非常重要的事情，且一定要做的事情，就請試著改變觀點。若能將討厭的事物視為被賦予的機會，將有助於脫離討厭的情緒。此外，也可利用「換句話說」，不妨把「一定要做的事情」改成「做得到的事」，以正向的情緒表達看看。原本討厭的事物，也會在轉換認知後，開始覺得值得一試。

人的情緒，不管是父母或孩子，都可能在一天內瞬息萬變。如果希望享受生活，認知自己的情緒並自我調適十分重要。父母的情感會在不知不覺中透過表情、話語、行動等傳達給孩子。而孩子也會在日常中直接學習父母於負面情緒中應對的方式。因此父母應從自身做起，努力練就能處理好情緒的正向態度。

本書將重點放在孩子的耐挫力，特別在〈PART 2〉，探討了如何培養孩子的韌性。這同時也適用於父母。當父母也能在日常

中找到感謝之處，擁有正向情緒，並相信自己跟孩子，進而調節日常中遇到的各種情感及隨之而來的行為時，孩子的韌性、耐挫力也能更加茁壯。若能將這些ABC療法與生活持續連結，就能使孩子與父母潛在的韌性發光發亮。

FAIL

First Attempt In Learning.

「失敗，是為了學習踏出的第一步。」

失敗並非結束。
而是邁向成功所踏出的第一步。
因此在你遭遇困難時，
請回想一下失敗的正面意義，
重新振作後，跨出大步向前邁進吧！

——Jeanie Kim

Eurasian Publishing Group
圓神出版事業機構
用心與你對話・視野無限寬廣

如何出版社
Solutions Publishing

www.booklife.com.tw　　　　　　reader@mail.eurasian.com.tw

Happy Family 090

孩子的耐挫力，比什麼都重要

作　　者／金珍妮（Jeanie Kim）
譯　　者／陳慧瑜
發 行 人／簡志忠
出 版 者／如何出版社有限公司
地　　址／臺北市南京東路四段50號6樓之1
電　　話／（02）2579-6600・2579-8800・2570-3939
傳　　真／（02）2579-0338・2577-3220・2570-3636
副 社 長／陳秋月
副總編輯／賴良珠
責任編輯／張雅慧
校　　對／張雅慧・柳怡如
美術編輯／林韋伶
行銷企畫／陳禹伶・鄭曉薇
印務統籌／劉鳳剛・高榮祥
監　　印／高榮祥
排　　版／杜易蓉
經 銷 商／叩應股份有限公司
郵撥帳號／18707239
法律顧問／圓神出版事業機構法律顧問　蕭雄淋律師
印　　刷／祥峰印刷廠
2024年2月 初版

定價360元　　　ISBN 978-986-136-679-1

這不是一本簡單的教養指南，而是革新教養思維的重量級好書！
孩子的失控行爲，只是冰山一角，
表面之下，是孩子等待被理解的整個內心世界……
本書幫助你建立和孩子的「連結資本」，
學習在面臨挫折和衝突時，肯定彼此的眞實感受，
進而培養回歸平靜的韌性，教養出健康有自信的孩子！

—— 《Good Inside 教養逆思維》

◆ **很喜歡這本書，很想要分享**

圓神書活網線上提供團購優惠，
或洽讀者服務部 02-2579-6600。

◆ **美好生活的提案家，期待為您服務**

圓神書活網 www.Booklife.com.tw
非會員歡迎體驗優惠，會員獨享累計福利！

國家圖書館出版品預行編目資料

孩子的耐挫力，比什麼都重要/金珍妮（Jeanie Kim）著；
陳慧瑜 譯. -- 初版 -- 臺北市：如何出版社有限公司，2024.2
240 面；14.8×20.8公分 --（Happy Family；90）
譯自：회복탄력성의 힘（The Power of Resilience）
ISBN 978-986-136-679-1（平裝）

1.CST：育兒　2.CST：親職教　3.CST：挫折

428　　　　　　　　　　　　　　　　　112021759